SCIENCE jokes

사이언스
조크

SCIENCE jokes
사이언스 조크

과학 덕후들의 신묘한 지적 웃음의 세계

고타니 다로 지음 | 문승준 옮김

추천의 글

설명하는 순간 농담은 실패한다. 하지만 (아마도 거의 유일하게) 설명이 필요한 농담이 있다면 과학을 다룬 농담 아닐까. 이론물리학과 슈뢰딩거의 고양이와 초광속 이동 등, 과학에 대한 지식이 있다면 깔깔 웃을 수 있는 농담을 모았다. 듣는 이가 지식을 얼마나 갖추고 있는지 시험해보기에도 딱 좋은 농담이다.

그러나 이 책의 장점은 '아는 사람들을 웃게 한다'는 데서 그치지 않는다. '모르는 사람을 알게 한다'는 것이 이 책의 진정한 미덕이다. 알듯 모를듯 어려운 설명을 제대로 이해했는지 어떻게 알 수 있을까? 농담을 듣고 웃는지 보라. 이해하게 되면 과학자들이 얼마나 유머감각이 뛰어난 사람인지 알게 되리라. 유명한 '슈뢰딩거의 고양이'는 이론 자체가 하나의 농담이다. 그리고 농담은 어디서나 늘 발휘하는 능력을 여기서도 유감없이 발휘한다. 아이러니를 통해 차이를 부각시키고, 논리를 비틀어 논리를 이해하게 한다. 말 그대로, 뛰어난 농담은 무척 논리적이다. 그러므로 과학과 농담은 잘 어울리는 한쌍이다. 이 책이 증명하듯이.

— 북칼럼니스트 박사, 『치킨에 다리가 하나여도 웃을 수 있다면』 저자

"사이언스 조크"라는 책 제목을 듣는 순간 "와, 심봤다~~"라고 외쳤다. 과학을 공부해오면서 과학을 소재로 한 조크를 접해보기도 했다. (과학자를 조롱하는 투의 조크가 많다.) 하지만 과학 조크를 진지하게 생각해본 적은 없었다. 제목을 듣는 순간 무릎을 치며 피식 웃었다. '그래. 과학을 조크로 즐길 때가 되었다. 왜 그런 생각을 못했지?'라면서.

우리는 이제껏 주로 과학을 공부해왔다. 다소 심각한 태도로 이론을 이해하는 데 급급했다. 과학이 비교적 어렵다 보니 다른 방식의 만남을 상상하지도 못했다. 이제라도 생각해보자. 과학도 조크가 될 수 있을까? 이 책은 과학이 수준 높은 조크가 될 수 있다는 걸 잘 보여준다. 누구나가 조크를 읽고서 웃음이 빵 터지지는 않을 것이다. 남들 다 웃고 있는데 웃지 못하고 있는 사람처럼 말이다. 웃음도 아는 만큼 터지는 법이다. 과학 조크는 과학을 알아야 공감할 수 있다. 그래서 조크에 나오는 과학을 뒤에서 잘 설명해준다. 잘 읽은 후 조크를 다시 읽어보시라.

이 책이 한국에서 출간된 게 참 반갑다. 과학의 지평을 확 넓혀주고, 과학에 대한 새 감각을 일깨워줄 것이다. 또한 지구가 더 무거운 행성이었다는 것도 알려줄 것이다. 책을 잡는 순간 더 세진 중력 때문에 책을 벗어나기가 더 어려워진다. 확인해보시라.

— 수학짜 김용관, 『세상을 바꾼 위대한 오답』 저자

젊은 천문학도가 새로운 발견을 기뻐하며 외친다. "우리 은하에서 불과 14광년 떨어진 은하를 발견하였다. 그런데, 파랗다." 도플러 효과를 이해한다면 이는 곧 14광년 후 두 은하의 충돌을 의미하는 트위스트 조크임을 알 수 있다. 『사이언스 조크』는 과학적 지식에 기반한 고퀄리티 유머코드를 엮은 책이다. 관련 분야의 과학자라면 쉽게 이해할 수 있지만 자세한 설명을 곁들였기에 누구라도 쉽게 유머코드에 공감하게 된다.

현대 문명의 이기(利器)들은 무궁한 지적 호기심에 이끌린 과학자들의 연구 성과에 초석을 둔다. 다양한 분야의 과학적 영역과 상식을 쉽게 맛볼 수 있게 해주는 유익한 책이라 추천하고 싶다. 때로는 복잡한 공식과 숫자, 전문용어들이 등장하지만 저자의 설명을 가이드 삼아 읽다 보면, 마지막 페이지를 덮는 순간, 세기를 뛰어넘는 천재 과학자들의 이론과 유쾌하게 조우했음을 느낄 것이다. '난 문과형 두뇌, 어려워'라고 생각한다면 해설을 먼저 읽고 유머와 마주해보자. 이 책을 좀 더 맛있게 읽을 수 있는 꿀팁 아닌 꿀팁!

— 한의사 도용호, 해답한의원 원장

어쩌다 보니, 주변에 과학자 친구가 많다. 왜 그런가 하고 되돌아 보니, 공부하다 보니 과학을 깊이 알아야겠는데, 혼자 과학책 읽으면 무슨 귀신 씻나락 까먹는 듯한 소리인지라, 차라리 그 책을 쓴 사람을 만나 친하게 지내면서 귀동냥으로 과학 지식을 넓히자고 마음먹은 덕인 듯싶다. 과학자와 친해지면 좋은 게 많다. 다른 무엇보다 지금 당장 쓰임새가 없더라도 자유롭고 깊이 있게 상상하고 사유하며 실험하고 입증하려는 태도에서 두루 배우는 게 많다. 그런데 어울리다 '뻘쭘'해질 때가 있다. 한 과학자가 대화하다가 무슨 말을 툭, 던지자 다들 깔, 깔 되며 웃는데, 나만 무슨 소리인지 모르는 일이 일어난다. 알면 재미있지만, 모르면 반응을 보일 수 없는 이야기. 과학 원리를 뒤튼 농담이다. 실제로 과학자는 농담과 친하다. 그 유명한 파인만의 자서전 제목이 "파인만 씨, 농담도 잘하시네요"이고, 양자역학과 관련해 슈뢰딩거의 선문답 같은 농담도 널리 퍼져 있다.

모르면 물어보아야 하는 자세로 공부해야 한다. 그런데 좌중을 한바탕 웃긴 농담을 못 알아듣고 그게 무슨 뜻이냐고 물으면, 분위기는 가라앉기 십상이다. 나는 여러 차례 이런 일을 겪었는데, 이제는 조금 자신 있게 웃어도 되겠다. 『사이언스 조크』가 과학계에 널리 퍼진 농담을 추려서 그게 무슨 원리를 말하고 있는지 충실하게 설명해주었기 때문이다. 그렇다고 이 책을 눈 부릅뜨고 읽을 필요는 없다. 어차피 농담이다. 즐겁고 행복한 기분으로 읽자. 그러다 보면 과학 원리를 이해하게 되니, 얼마나 좋은 일이런가!

— 도서평론가 이권우

들어가는 글

이지적이고 논리적인 과학과 웃긴 농담이 과연 양립할 수 있을까요? 모르셨겠지만 '사이언스 조크(science jokes)'는 농담계의 숨은 주류라 할 수 있습니다.

인류가 사는 곳이라면 어디서나 농담이 자연스럽게 나오는 법. 수많은 사람이 관련된 '사이언스'라는 거대 현장에서 농담이 빠질 수는 없겠죠. 게다가 논리와 농담은 서로 상당히 잘 맞는다고 할 수 있습니다. 뛰어난 농담은 꽤나 논리적이며, 논리를 아는 사람이 때로 예리한 유머감각을 드러내기도 하죠.

이 책 『사이언스 조크』에는 오래전부터 존재했으나 지금까지 널리 소개되지 않은 과학과 관련된 조크(농담)를 엄선하여 모았습니다. 웃긴 수학자나 물리학자, 과학 법칙의 패러디, 웃음을 참을 수 없는 유사과학 등은 관련 분야 사람들의 생활에서 발생한 것입니다. 요컨대 과제로 고생하는 학생들의 신음이나 엄청난 과학 법칙을 발견했을 때의 감동, 천재 과학자의 엉뚱한 행동이 이 농담들의 원천입니다. 그동안 알게 모르게 사이언스 조크가 배척되었다면 그것 역시 받아들이는 사람에게 어느 정도의 과학 지식이 필요했기 때문일 것입니다. 그래서 농담의 배경이 되는 과학 해설도 함께 실었습니다.

농담은 입에서 입으로 전해지며 다양하게 변합니다. 그래서 어디의 누가 만들었는지 알 수 없는 것들이 대다수입니다. 이 책에서 소개하는 것들은 인류의 지적 공공재인 것들이지만, 지은이가 판명된 것들은 창작자의 이름을 명시했습니다. 제가 창작한 것도 섞여 있습니다.

농담은 한순간에 결정되는 승부입니다. 아무리 뛰어난 농담도 타이밍이 1밀리세컨드(1000분의 1초) 어긋나면 웃음을 폭발시킬 수 없습니다. 주위 분위기가 싸늘하게 식어버리고 맙니다. 불행히도 웃음을 유발시키지 못한 농담에는 그 어떤 해설을 첨언해도 되살릴 수 없습니다. 죽은 사람의 상처에 소금을 뿌리는 행위나 마찬가지입니다.

한편 적절한 타이밍에 적절한 지식을 가진 사람에게 회심의 일격을 날리면, 해설 따위는 필요 없이 웃음을 유발시킬 수 있습니다. 배꼽이 떨어져라 웃는 사람에게 해설은 필요 없습니다. 결국 농담에 해설은 필요 없는 법입니다.

그렇다면 이런 저자의 말은 사족에 하이힐을 덧신는 것이나 마찬가지입니다. 이쯤하고 본편으로 들어가도록 하죠.

지은이

고타니 다로

차례

2장.
양자역학 편

3장.
소리·빛·도플러 효과 편

4장.

역학 편

5장.

상대성 이론·우주·천문 편

1장

엔지니어 vs. 물리학자 vs. 수학자 편

1장에서는

엔지니어, 물리학자, 수학자, 컴퓨터과학자 같은

전문가들이 등장합니다. 전문 능력을 갖췄지만

좁은 시야 탓에 발생하는 웃긴 상황입니다.

우수하다고 생각되는 사람들이 바보짓을 하는 농담이 많은데,

그중 과학 지식과 관련된 것들을 모았습니다.

불이야!

밤에 엔지니어가 눈을 뜨니 쓰레기통에 불이 났다. 엔지니어는 양동이로 물을 퍼서 쓰레기통의 불을 껐다.

밤에 물리학자가 눈을 뜨니 쓰레기통에 불이 났다. 물리학자는 종이와 펜으로 열심히 계산했다. "좋아, 해법을 찾았다"라고 외치며 양동이로 물을 퍼서 쓰레기통의 불을 껐다.

밤에 수학자가 눈을 뜨니 쓰레기통에 불이 났다. 수학자는 종이와 펜으로 열심히 계산했다. "좋아, 해답이 존재한다는 사실이 증명됐다"라고 외치고는 다시 잠을 잤다.

Science Joke 01
해설

웃음을 주는 요소는 수학자

엔지니어와 물리학자와 수학자가 등장해서 상식에서 벗어난 행동을 하는 패턴의 농담입니다. 이 패턴에서는 보통 수학자가 웃기는 역할을 하는 경우가 많습니다.

수학의 난제 중에는 해답이 존재하는지조차 알 수 없는 것들이 있습니다. 만약 "이런 조건을 충족하는 수는?"이라는 문제가 있다면, 수학자들은 그것을 풀기 전에 그런 '수'가 존재한다는 사실부터 증명해야 합니다. 증명 과정에서 그런 수가 존재하지 않는다는 사실을 알면 그것대로 성과라 할 수 있습니다. 한편 존재한다는 것이 증명되면 그 수를 찾는 다음 단계로 나아갈 수 있습니다.

본문의 경우, 찾아야 할 것은 불을 끄는 방법인데, 수학자는 '불을 끄는 방법이 존재한다'는 사실만으로 만족해 다시 잠에 든 것 같습니다. 수학자가 불을 끄는 다음 단계로 나아갔기를 빌어봅니다.

스코틀랜드의 검은 양

엔지니어와 물리학자와 수학자가 열차를 타고 스코틀랜드를 여행 중이다. 그러다 차창 밖으로 목장에 있는 검은 양 한 마리를 보았다.

엔지니어가 말했다.
"스코틀랜드의 양은 검다!"

물리학자가 말했다.
"스코틀랜드에는 적어도 검은 양이 한 마리는 있다!"

수학자가 말했다.
"스코틀랜드에는 적어도 한쪽 면이 검은 양이 한 마리는 있다!"

Science Joke 02
해설

엄밀함과 희학

검은 양이 정말로 스코틀랜드에 있는지 없는지는 모르겠습니다. 만약 차창 밖으로 검은 양이 보였다면 그 사실로 어떤 결론을 도출할 수 있을까를 생각해보게 하는 논리 농담입니다.

엔지니어처럼 스코틀랜드의 모든 양이 검다고 결론을 내린다면 논리의 비약입니다. 우리가 자주 저지르는 실수이기도 합니다.

물리학자의 결론은 더 엄밀하고 정확해 보입니다. 검은 양이 한 마리 있지만, 다른 양도 검은지 어떤지는 말하지 않았으니까요.

하지만 한쪽 면이 검은 기묘한 양이 과연 있을까요? 수학자의 결론은 물리학자보다 논리적으로 엄밀하지만 그 때문에 오히려 웃깁니다.

마이너스 1명

생물학자와 물리학자와 수학자가 카페에 앉아 있었다. 건너편 건물에 들어가는 두 사람이 보였다. 얼마 후 나왔을 때는 세 명이 되었다.

생물학자가 말했다.
"어라, 그들이 생식 활동을 한 모양이군."

물리학자가 말했다.
"아니, 단순한 측정 오차야."

수학자가 말했다.
"아무 문제 없어. 이제 한 명만 더 들어가면 제대로 영(0)이 되니까."

Science Joke 03
해설

오차가 없으면 불안하다

물리학자를 비롯한 과학자들은 '(측정) 오차'에 매우 신경 쓰는 인종입니다. 연구 발표를 할 때 "궤도 반경은 1,500만 킬로미터, 오차는 ±300만 킬로미터" 같은 식으로 표현해 오차를 명확히 밝힙니다. 오차가 없는 발표나 논문에는 "오차가 얼마나 됩니까?"라는 질문이 반드시 나옵니다.

이런 습관이 지나치면 일상생활에서도 오차를 신경 쓰게 됩니다. 오차가 첨부되지 않은 수치를 보면 불안한 나머지 "절대로 믿을 수 없어"라며 고개를 젓습니다. "58퍼센트의 사람이 XX사의 제품을 선택했습니다"라는 말을 들으면 "그것은 측정 오차 범위 안이잖아"라고 중얼거립니다. "용돈 좀 올려주세요. 다른 애들은 저보다 훨씬 많이 받아요"라는 말을 들으면 다른 아이들 용돈의 측정 오차를 계산하기 시작합니다.

오차란, 측정 데이터나 그에 기반한 계산 결과에 따라오는 불확정성입니다. 아무리 정밀한 측정 장치를 아무리 신중하게 조작해도 측정 오차를 영(0)으로 만들 수는 없습니다. 오차를 보다 적게 만드는 것만 가능합니다. 오차가 포함된 데이터를 이용한 계산 결과 역시 오차가 포함됩니다. 결국 측정 데이터에 기반해 연구한다면 많든 적든 오차는 있게 마련입니다.

과학에서는 이 오차를 명확히 수치화하는 것이 정말로 중요합니다. 예를 들어 한 소립자의 속도를 측정한 결과, 초속 31만 킬로미터라는 측정치를 얻었다고 합시다. 이는 광속을 뛰어넘는 엄청난 속도입니다. 만약 이 측정치의 오차가 적다면 물리학의 근간을 바꾸는 대발견입니다. 하지만 측정 오차가 ±2만 킬로미터라면 "어쩌다 그런 측정치가 나올 수도 있지" 하는 식으로 치부될 것입니다.

오차의 많고 적음에 따라 물리학이 뒤바뀔 만한 일이 벌어질 수도 있으니 과학자가 오차를 신경 쓰는 것은 당연하지 않을까요? 그래서 누가 이상한 측정치를 보고하면 일단 측정 오차부터 의심합니다. 어쩔 수 없습니다. 하지만 눈앞에서 일어난 일을 설명하는 데 측정 오차부터 들이댄다는 점에서 볼 때 물리학자의 논리는 도리어 이상해 보일 수 있습니다.

수학자는 수학자대로 이해하기 힘든 독자적 논리로 이 현상에 참여한 것 같습니다. 아무래도 현재 건물 안에 마이너스 1명이 있다고 주장하는 듯한데, 우리가 사는 현실 세계에서 건물에 들어간 사람의 수는 0명 이상의 자연수로 한정됩니다. 아마도 수학자의 논리는 우리가 사용하는 자연수의 공리 체계 너머 어딘가에 있는 듯합니다.

초등학생이라면 기초 중의 기초

1+1의 해답이 과연 몇인지 물리학자와 컴퓨터과학자와 수학자가 조사하기로 했다.

물리학자는 레일이나 슬로프를 사용한 실험 장치를 조립하고 공을 여러 번 굴려서 실험한 다음 말했다. "측정했다! 해답은 2.1±0.3. 다만 3σ(시그마)의 통계 오차를 포함한다."

컴퓨터과학자는 파스칼 프로그래밍 언어를 사용해 프로그램을 짜서 컴퓨터로 돌려본 다음 말했다. "계산했다! 해답은 2.000001. 순서도를 그려서 알고리즘을 설계했다."

수학자는 종이를 몇 장이나 사용해 계산한 끝에 말했다. "증명했다! 해답은 오직 단 하나만 존재하고, 계산 가능하다."

Science Joke 04
해설

통계 오차와 컴퓨터의 오차

1+1이 2가 된다는 것은 누구나 아는 사실입니다. 하지만 왜 2가 되느냐고 질문을 받으면 대답하기 쉽지 않을 것입니다. 1+1은 2가 되는 것이 정의라고 하는 사람도 있을 것입니다. 한 개의 물건과 한 개의 물건을 더하면 몇 개가 되는가는 경험으로 결정된다는 입장도 있을 것입니다.

본문에서는 근시안적 전문가들이 이 난관에 도전합니다.

물리학자는 아무래도 한 개의 공과 한 개의 공을 더하면 몇 개가 되는지 실험을 통해 측정한 듯합니다. 그 생각은 결코 틀리지 않았습니다. 하지만 장치의 정밀도가 그다지 좋지 않았는지 유효 숫자가 두 자릿수가 되고 말았네요.

물리학자가 말하는 '통계 오차'에 대해 간단히 설명하겠습니다. 이것은 한정된 실험 횟수 때문에 발생하는 오차입니다. 그러니 횟수를 늘리면 오차는 줄어들 것입니다.

공의 개수를 더하는 실험은 그다지 교육적이지 않으므로, 동전의 앞면이 나올 확률을 정하는 실험을 생각해봅시다. 당연한 말이지만, 동전을 던지는 실험을 할 때 '정답'인 50퍼센트에 가깝게 나오게 하기 위해서는 수많은 실험을 반복해야 합니다. 한 번 던진 것만으로 '해답'을 내놓으면 '앞면이 나올 확률 100퍼센트' 혹은 '0퍼센트'라는 결론이 나오고 맙니다. 정답에서 50퍼센트나 빗나간 결론이 나오기 때문에 한 번 던졌을 때의 '통계 오차'는 50퍼센트입니다.

실험을 계속 반복하면 추정치는 서서히 50퍼센트에 접근하게 되고 통계 오차는 줄어듭니다. 100번 반복하면 오차는 5퍼센트로 줄어, 동전의 앞면이 나올 확률은 '50±5퍼센트' 정도로 정리될 것입니다. 100만 번을 반복하면 오차는 0.05가 되고, 실험자는 '50±0.05퍼센트' 정도의 꽤 정확한 추정치를 낼 것입니다.

동전의 앞면이 나올 확률을 구하는 실험의 경우, 통계 오차를 p 이하로 얻고 싶다면 실험을 $\frac{0.25}{p^2}$회 이상 반복해야 합니다.

더욱 엄밀함이 요구되는 경우에는 단순히 오차를 첨부하는 게 아니라, 그것이 얼마나 확실한 오차인지 적어야 합니다. 오차의 정확도는 'σ(시그마)'라는 단위로 나타냅니다. 예를 들어 '측정치는 2.1±0.3, 오차는 3σ'라는 것은 '진정한 수치가 2.1±0.3의 범위에 존재할 확률이 99.7퍼센트'라는 의미입니다. 왜 '3σ'가 '99.7퍼센트'로 변하는지는 통계에 박식한 사람이 아니라면 이해하기 쉽지 않을 것입니다.

관찰이나 실험을 하는 분야의 연구자는 이러한 통계나 오차에 대해 철저히 훈련받고 공부합니다. 때문에 수치를 보면 거의 반사적으로 오차부터 생각합니다. 일상에서도 오차에 대해 시끄럽게 따지다 보니 다른 분야의 사람이나 가족에게 농담 소재로 사용되기 일쑤입니다.

컴퓨터과학자는 물리학자보다 정밀도가 높은 해답을 내놓은 것 같지만, 그래도 2.000001은 정답이라고 할 수 없습니다. 컴퓨터는 이런 식으로 자주 어긋난 해답을 내놓습니다. 몇 가지 이유가 있습니다만, 가장 큰 원인은 컴퓨터가 수치를 기록하는 (현재 주류인) 방법으로는 어긋난 수치만 기록할 수 있기 때문입니다.

어이없게도 컴퓨터는 0.1이라는 수치를 정확히 기록하지 못합니다. 이것을 $\frac{1}{16}+\frac{1}{32}+\frac{1}{256}+\cdots\cdots$' 이런 식으로 2진법 소수로 변환해서 기록합니다. 이렇게 기록된 수치는 0.1과는 미묘하게 어긋납니다. 예를 들어 이런 식입니다.

$$\frac{1}{16}+\frac{1}{32}+\frac{1}{256}+\frac{1}{512}+\frac{1}{2048}=0.10009765625$$

인간은 컴퓨터에 0.1을 입력한다는 생각으로 계산을 명령해도, 컴퓨터는 0.10009765625를 이용해 계산하고 결과를 출력합니다. 그래서 컴퓨터를 이용하면 계산 결과에 어긋남이 발생하고 맙니다.

이 어긋남을 '표현 오차'라고 부릅니다. 컴퓨터가 사용하는 계산에서는 표현 오차나 다른 오차를 신경 써야 합니다. 그것이 쌓이고 쌓여 계산 결과가 크게 바뀔 수 있으니까요. 오차 수정이나 오차가 커지지 않도록 하는 연구는 컴퓨터과학이 계속 신경 써야 할 문제입니다.

진짜 컴퓨터과학자가 이런 농담 같은 실패를 하는 일은 (물리학자와 마찬가지로) 일단 없을 것입니다. 농담 속 컴퓨터과학자의 캐릭터는 실제 컴퓨터과학자가 아니라, 우리를 고생시키는 컴퓨터의 행위를 반영한 것이기 때문이죠.

Ctrl+Alt+Del

엔지니어와 물리학자와 컴퓨터과학자가 드라이브를 하고 있었다. 그런데 갑자기 자동차에서 연기가 나더니 엔진이 멈췄다.

엔지니어가 말했다.
"움직일 때까지 망치로 두들기자."

물리학자가 말했다.
"운동 방정식을 풀어서 움직이는 조건을 찾자."

컴퓨터과학자가 말했다.
"리셋을 하면 다시 달릴지도 몰라."

Science Joke 05
해설

컴퓨터의 경험칙

'운동 방정식'이란 f=ma라는 심플한 방정식을 말합니다. 물리학자는 이 수식을 아름답다고 느끼는 것 같은데, 세상에는 그런 사람만 존재하지는 않습니다. 그렇지 않은 사람들을 위해 바꿔 말하면 "물체에 힘 f가 더해지면, 힘의 크기에 비례해, 질량 m에 반비례하는 가속도 a가 생긴다"는 법칙입니다. '뉴턴의 운동 제2법칙'으로 부르기도 합니다.

예를 들어 자동차의 운동을 나타내는 운동 방정식이 있다고 합시다. 방정식을 충족시키는 해답을 발견하는 것을 '운동 방정식을 푼다'고 합니다. 도로에서 엔진이 정지한 운동 상태에 대응하는 해답과 엔진이 정지하지 않는 운동 상태에 대응하는 해답이 있을 것입니다.

간단히 풀 수 있는 운동 방정식이 있지만, 해답이 존재하지 않는 운동 방정식도 있습니다. 특수한 운동 방정식을 찾아서 어떤 조건에서 해답이 존재하는지 조사하거나, 풀이를 분류하거나 하는 연구자도 있습니다.

본문에 등장하는 물리학자가 엔진이 멈춘 자동차를 다시 움직이게 하는 해답을 발견할 수 있다면 좋겠네요.

컴퓨터가 갑자기 멈추거나, 키보드나 마우스가 먹통이 되거나, 평소와 똑같이 실행했는데도 인쇄가 안 되거나 작동하지 않는 반항은 익숙합니다. 더구나 마감이나 중요한 발표 직전이나 그 준비를 할 때 등, 가장 일어나서는 안 되는 순간에 그런 반란이 일어난다는 것을 우리는 경험으로 알고 있습니다.

아마도 그런 중요한 때일수록 컴퓨터를 많이 사용한다는 것, 자신이 다급했을 때 발생한 고장은 기억에 남는다는 것 그리고 우리는 거의 매일 다급한 상태에 놓여 있다는 것이 그런 경험칙의 진실일 것입니다.

그럴 때 우리는 쓸 데 없이 키보드를 두드리거나, 마우스를 흔들거나, 소리를 내서 컴퓨터를 응원하거나 꾸짖거나 하다가, 도저히 안 된다는 사실을 깨닫고 한숨을 쉬며 컴퓨터의 리셋 버튼을 누르게 됩니다. 경험에 따르면 신기하게도 대개의 경우 이것으로 해결됩니다. 다음 마감이 닥치기 전까지는요.

너무나 명백해서 시시하다

물리학자가 어떤 실험을 해서, 그 실험 결과를 설명하는 경험적 방정식을 고안했다. 물리학자는 수학자에게 그것을 보여주며 말했다.

"이 방정식이 맞았는지 틀렸는지 증명할 수 있어?"

일주일 후, 수학자는 그 식이 틀렸다는 결론에 도달했다. 그런데 그사이 물리학자는 그 방정식을 다른 실험에도 적용해서 좋은 결과를 얻었고, 수학자에게 다시 부탁했다.

"이상하네. 조금만 더 증명해보지 않겠어?"

몇 주가 지난 뒤, 수학자는 물리학자에게 확실히 그 방정식이 제대로 결과를 낼 경우가 있다고 인정했다.

"다만 그것은 수치가 양의 실수처럼 너무나 명백해서 시시할 경우에만 그래."

Science Joke 06
해설

경험적 과학 법칙

경험적 방정식 혹은 경험적 법칙이란, 방정식이나 법칙이 실험 결과에는 정말 잘 맞아떨어지지만, 그 이유나 이론적 근거가 애매한 것을 말합니다.

예를 들어 독일의 수학자이자 천문학자이자 점성술사인 요하네스 케플러(1571~1630)는 행성의 운동을 설명하는 법칙으로 그 유명한 '케플러 법칙'을 발견합니다. 이것은 여러 의미상 훌륭한 경험적 법칙입니다. 왜 그런지 설명하겠습니다.

제1법칙 | 행성은 태양을 초점으로 타원 운동을 한다.
제2법칙 | 행성과 태양을 연결하는 선분이 같은 시간 동안 휩쓸고 지나가는 면적은 일정하다.
제3법칙 | 행성의 공전주기의 제곱은 그 행성의 타원 궤도 긴반지름의 세제곱에 비례한다.

당시 태양이 지구를 돈다는 천동설은 이미 시대에 뒤떨어진 취급을 받았습니다. 태양 주위를 수성, 금성, 지구, 화성, 목성, 토성이 돈다는 지동설이 주류가 되던 시대였죠. 하지만 행성의 궤도를 원이라고 가정하면 도저히 관측 결과와 맞지 않아 천문학자들은 많은 고민을 했습니다.

케플러의 제1법칙은 행성의 궤도를 원이 아니라 타원으로 설정해, 계산과 관측이 딱 들어맞게 했습니다. 제2법칙은 말하자면 행성이 타원형으로 태양 주위를 도는데, 태양과 가까워질 때는 빠르게, 먼 곳에서는 천천히 돈다는 뜻입니다. 제3법칙은 수성이나 금성처럼 태양 근처를 빨리 도는 행성의 주기와 토성과 목성처럼 멀리서 천천히 도는 행성의 주기 사이에 수학적 관계가 있다는 뜻입니다.

케플러 법칙은 행성 궤도를 제대로 설명해주는 듯했는데 그 법칙이 왜 잘 맞아떨어지는지는 당시에는 잘 알 수 없었습니다. 케플러 자신은 점성술사이자 신비주의자였기 때문에 자신의 법칙을 점성술의 신비한 법칙이라고 생각했던 것 같습니다.

그런데 아이작 뉴턴(1643~1727)이 등장해, 뉴턴 역학이라는 이론 체계로 케플러 법칙을 제대로 설명했습니다. 뉴턴 역학에 따르면 중력에 따라 운동하는 질점의 궤도는 타원 궤도가 됩니다. 케플러의 제2법칙은 뉴턴 역학에서 각운동량 보존 법칙으로 설명할 수 있고, 제3법칙은 만유인력이 거리의 제곱에 반비례한다는 법칙으로 해결됩니다. 이리하여 케플러의 경험적 법칙은 신비주의에 빠질 틈 없이 물리학 이론에 의해 제대로 뒷받침되었죠. 과학의 역사에서 더없이 훌륭하고 깔끔한 전개입니다.

"명백하다", "시시하다"라는 것은 수학 용어로 "증명할 필요도 없이 뻔하다"는 뜻입니다. 다만 수학자가 아무리 명백하다고 말해도, 수학자가 아니라면 어디가 명백한지 언뜻 이해가 잘 안 됩니다. 아무래도 수학자는 일반인과는 "명백하다"의 기준이 다른 것 같네요.

본문에서 수학자는 '양의 실수'를 그 경험적 방정식에 넣으면 좋은 결과가 명백히 나온다고 말하고 있습니다. '양의 실수'는 말하자면 마이너스도 아니고 복소수도 아닌 수입니다. 양의 실수에 대해 좋은 결과가 나온다는 것은 증명할 필요도 없이 명백하기 때문에, 일부러 증명하는 것에는 흥미가 없다는 뜻일 것입니다. 하지만 물리학자의 입장에서는 실험 데이터가 양의 실수가 된다는 사실은 말할 필요도 없이 명백한 일일 테죠. 그 경험적 방정식이 복소수에도 잘 들어맞을지 어떨지 또한 흥미가 없나 보네요.

이론과 고약은 어디에나 달라붙는다

실험물리학자가 방금 나온 데이터를 가지고 이론물리학자의 방으로 뛰어 들어왔다.

"흐음." 이론물리학자가 말했다.

"이 봉우리는 완전히 예상한 대로의 위치에 나왔군. 이론에 따르면……"

실험물리학자는 이론물리학자의 설명을 도중에 막고 그래프를 위아래로 뒤집으며 말했다.

"미안. 위아래가 틀렸네. 그래프의 올바른 위치는 이 방향이야."

"흐음." 이론물리학자가 말했다.

"이 움푹 파인 부분은 완전히 예상한 대로의 위치에 나왔군. 이론에 따르면……"

Science Joke 07
해설

이론꾼과 실험꾼 1

근대 과학이 시작된 때는 17세기입니다. 당시의 과학자는 이론과 실험 모두에 뛰어난 사람들이었습니다. 근대 과학을 창시한 갈릴레오 갈릴레이(1564~1642)는 실험을 통해 진자의 등시성이나 낙하하는 물체의 법칙을 발견했을 뿐만 아니라, 렌즈를 이용해 천체망원경을 제작하는 등 손재주도 뛰어났습니다. 미적분을 고안하고 뉴턴 역학을 구축한 아이작 뉴턴은 광학 실험을 통해 뉴턴식 망원경을 발명했고, 조폐국 장관으로서 조폐기술을 개량해 위조지폐 제작자를 절망시키는 등 실험 실력도 상당했습니다.

하지만 19세기에 들어 이런 만능 과학자만 존재하지는 않게 되었습니다. 수학 이론을 능숙히 다루지만 실험에는 서툰 연구자나, 실험은 잘하지만 난해한 고등수학은 어려워하는 연구자가 나오기 시작합니다. '이론물리학자'와 '실험물리학자'의 등장입니다. '이론꾼', '실험꾼'으로 불리기도 하죠. 이렇게 물리학자가 두 분야로 나뉜 까닭은 이론과 실험이 고도로 발달해서 양쪽의 전문가가 되기는 어려워졌기 때문일 것입니다.

21세기인 현재 이론물리학과 실험물리학은 완전히 나뉘어 양쪽을 겸하는 연구자는 드뭅니다. 실험꾼은 이론꾼의 예측에 이끌려 실험을 하고 관측한 결과를 발표합니다. 이론꾼은 실험을 예측하고 해석한 계산을 발표합니다. 더하여 최근에는 종래의 이론물리학과 실험물리학과도 다른, 컴퓨터 시뮬레이션을 이용하는 통계물리학이 한 세력을 이루었습니다.

이처럼 분업이 진행되면 실험꾼은 내심 이론이 틀리기를 기대하고, 이론꾼은 실험이 실패하기를 오히려 환영하는 묘한 경향이 나타나기도 합니다. 실험꾼 입장에서는 "이론대로 실험 결과가 나왔다"는 발표보다 "종래의 이론을 뒤엎는 실험 결과가 나왔다"는 발표로 평판을 얻고 사람들의 흥미를 끌 수 있습니다. 이론꾼 입장에서는 "종래의 이론으로는 설명할 수 없는 실험 결과"가 나온다면, 새 이론을 세워 계산해야 하는 사태가 일어나고 논문도 쓸 수 있습니다. "종래의 이론으로는 설명할 수 없는 실험 결과"가 설령 실험의 실수였다고 해도 논문을 잔뜩 쓸 수 있으니 전혀 상관없습니다.

실제로 나중에 실수라는 것을 알게 된 관측 논문에 기반한 이론 논문이 다수 작성된 일이 과거에 몇 번이나 있습니다. 예를 들어 초신성 1987A의 밀리초 펄서 발견, 펄서계 행성 발견, 최근에는 중성미자(neutrino)의 속도가 광속을 뛰어넘었다는 실험 논문 등이 이론 논문을 양산했습니다.

본문에 등장하는 이론물리학자는 실험 결과의 위아래도, 옳고 그름도 전혀 신경 쓰지 않는 것 같네요. 측정 데이터에 봉우리가 나타나든, 반대로 움푹 들어가든 그것을 설명하는 논문을 생산할 자신이 있는 우수한 이론꾼인 모양입니다.

포스트닥터는 괴로워

한 젊은 연구자가 6년간 생산적 연구 활동을 했지만 정규직이 되지 못했다. 연구자는 학장에게 면담을 요청해 이유를 물었다.

학장이 말했다.

"미안하네. 6년간 대학이 요구하는 인재상이 좀 변했거든. 지금 필요한 것은 여성이며, 응축계 물리의, 실험 전문가라네. 안타깝게도 자네는 남성이며, 고에너지 물리의, 이론 전문가가 아닌가?"

젊은 연구자는 학장이 한 말의 의미를 생각하고 말했다.

"학장님, 저는 진로를 변경해서 그 조건 중 두 가지는 충족시킬 수 있습니다. 그러나…… 실험 전문가는 될 수 없습니다!"

— 데이비드 셰이

Science Joke 08
해설

이론꾼과 실험꾼 2

"정규직이 되고는 싶지만 혼을 팔 수는 없습니다." 이렇게 말했어야 할까요? 포스트닥터인 필자 입장에서는 눈물 없이 읽을 수 없는 농담입니다.

배경을 설명하자면, 현재 대학원 박사 과정을 수료한 연구자 대다수가 '박사후연구원'이라든가 포스트닥터럴 리서처(Postdoctoral Researcher), 줄여서 '포닥'이라 불리는 지위를 얻습니다. 급료나 연구비, 대우가 대학, 기관, 재단에 따라 제각각입니다만, 임기가 정해진 계약직이라는 사실은 공통입니다. 몇 년 지나면 임기가 끝나 다른 포닥 자리를 찾아야 합니다. 운이 좋다면 평생 임기가 보장되는 일자리를 얻을 수 있습니다만, 그런 자리는 포닥의 수보다 훨씬 적어 엄청 좁은 문입니다. 그래서 수많은 포닥들이 불안정한 고용이나 수입으로 고민하는 가운데 시간을 아껴 연구하거나 연구비 신청을 하거나 다른 자리를 찾습니다.

본문의 젊은 연구자는 그런 상황에서 정규직이 되기 위해서는 여성이며, 응축계 과학 분야의 실험물리학자여야 한다는 말을 듣게 됩니다. 그는 세 가지 조건 중 두 가지는 받아들일 수 있지만, 실험꾼은 될 수 없다고 답합니다. 이론꾼인 그가 실험꾼으로 전향하기는 성을 바꾸기보다 힘든 일인가 봅니다.

한쪽이 없으면 살아갈 수 없는 깊은 관계인 이론꾼과 실험꾼입니다만, 그 사이에는 복잡하고 상반되는 감정이 존재하는 것 같습니다.

(* 이 농담은 WorkJoke.com의 허락을 받아 게재했습니다.)

이론과 실험

이론이란 그것을 생각한 본인만 믿고
다른 누구도 믿지 않는 것.

실험이란 그것을 실행한 본인은 믿지 않지만
다른 모든 사람이 믿는 것.

— 알베르트 아인슈타인

Science Joke 09
해설

아인슈타인 씨, 설마 농담이죠?

알베르트 아인슈타인(1879~1955)은 특수·일반상대성 이론을 고안해 양자역학의 탄생에 공헌한 역사상 최고의 이론가입니다. 이 책에서 앞으로 몇 번이나 등장할 것입니다. 아인슈타인의 농담은 "설마 본인이 이런 말을 했단 말이야" 하고 놀랄 만한 것들이 많습니다. 이번 본문도 그중 하나로 이론물리학의 대가가 말한 이론 대 실험과 관련한 농담입니다.

필자는 안타깝게도 세상의 누구도 아직 본 적 없는 이론에 홀로 도달한 경험이 없습니다만, 그런 경험을 몇 번이나 한 아인슈타인이 한 말이니 이 농담의 앞부분은 사실일 테죠. 그렇게 도달한 이론은 세상이 받아들이기까지 본인만 믿는 시기를 거칩니다. 이론 중에는 결국 세상이 받아들이지 못한 채 끝나는 것들이 있다고 아인슈타인은 말하고 싶은 것 같습니다.

한편 실험 논문은 실험이 착착 준비되는 과정 그리고 이론 곡선과 깨끗하게 일치하는 데이터까지 가지런히 열거되어, 읽으면 결과가 믿고 싶어집니다. 실험자만 아는 사실인데, 이 논문은 실패를 수도 없이 경험한 끝에 얻은 실험 데이터입니다.

또 해석이 쉽지 않은 곤란한 데이터가 나오거나, 실험 노트에 기재되지 않아 기억에 의존해 작성한 부분이 있거나, 한 번은 질 좋은 측정을 했지만 실험 장치가 다시 같은 결과를 내놓지 못하는 등 논문에는 허점이 많이 숨어 있습니다.

논문 심사자가 그런 점을 추궁할까봐 실험자는 긴장 속에 논문을 제출하고, 무사히 통과되면 그제야 마음을 놓습니다. 다른 사람이 추가로 실험을 해서 같은 결과가 나오면, 실험자는 긴장했던 사실도 잊고 역시 자신의 실험 결과가 옳았다고 자신하게 됩니다.

이 농담의 뒷부분을 읽으면 역시 아인슈타인은 그런 점까지 잘 알고 있구나 하는 생각이 듭니다.

마찰은 무시한다

한 농장에서 기르던 닭들이 모조리 병에 걸리고 말았다. 곤란해진 농부가 물리학자를 불렀다.

물리학자가 잠시 종이에 계산한 다음 말했다.

"풀었습니다! 다만 닭을 진공 속의 구라고 가정했을 경우입니다."

Science Joke 10
해설

모델화

농가는 농담 세계에서 이따금 엔지니어나 물리학자나 수학자에게 도움을 요청합니다. 좋은 결과가 나오지 않는다는 사실을 아는 우리는 '그들에게 부탁하지 말지'라고 생각하지만, 우리의 목소리가 들릴 일은 없습니다.

물리학자는 현실 문제를 풀 때 '모델화'라는 방법을 자주 사용합니다. 복잡한 형상의 물체를 단순한 구라고 가정해서, 말하자면 공과 같은 모양의 모델을 채용해서 구를 대상으로 한 방정식을 대입해 문제를 풉니다. 그를 통해 얻은 해답이 복잡한 형상의 물체에 일어난 현상도 설명한다고 기대하는 것이죠.

이런 방법은 뉴턴 역학이나 전자기학과 관련해서는 상당히 유용합니다. 다양한 현실 문제를 단순화해 풀 수 있습니다. 그래서 진공 속 구나 평면은 뉴턴 역학이나 전자기학 교과서에 자주 등장합니다. 고등학생이나 대학생은 지겨울 정도로 자주 접하지요. 그래서 닭을 진공 속의 구라고 가정하는 물리학자가 친숙할 수 있습니다.

물론 현실에서는 이러한 단순화, 모델화, 구성 요소 분해 같은 방법이 통하지 않는 일이 많습니다. 아무리 생각해도 모델화는 닭이 걸린 병에 유효하지 않을 것 같습니다. 농부는 물리학자를 쫓아내고 빨리 수의사를 부르는 편이 낫겠네요.

심야 실험 정도는 이해해주지그래

매일 늦게까지 연구실에 남는 연구자가 있었다. 어느 날은 새벽 4시에 귀가했더니 아내가 현관 앞에서 붙잡고 늦은 이유를 물었다.

연구자가 대답했다.

"일이 끝나고 친구와 함께 바에 가서 조금 마셨어. 예쁜 여자들이 있어서 조금 더 마시게 되고, 뭐 이러저러하다 보니 이렇게 됐어. 술이 깼더니 시간이 많이 늦어 서둘러 돌아온 거야."

아내가 외쳤다.

"거짓말! 또 연구실에 있었던 거잖아!"

Science Joke 11
해설

연구자는 워커홀릭

뭐든지 진공 속의 구라고 가정하는 물리학자에 이어 이번에는 워커홀릭 연구자입니다. 워커홀릭 연구자도 농담의 소재로 자주 등장합니다. 세상은 그들이 연구를 사랑하는 사람이라고 믿는 듯하네요.

본문의 연구자는 연구에 몰두해 잠도 식사도 가정도 잊어버린 사람 같습니다. 연구실에 늦게까지 남는 경우가 자주 있었나 봅니다. 그때마다 아내에게 잔소리를 들었겠죠. 그가 진실을 말했는지, 아내가 의심한 것처럼 연구실에 남아 연구를 했는지 진상은 알 수 없습니다. 하지만 아내는 유흥보다 연구 쪽을 용서할 수 없는 것 같네요.

가정이 파탄 나는 일을 피하고 싶다면 연구 시간을 줄여서 가정에 충실하거나, 늦어도 신경 쓰지 않는 아내로 교환하든가, 그런 아내로 개조하는 연구를 하든가, 어떻게든 대처하는 편이 낫겠네요.

2장

양자역학 편

양자역학은 현대 물리학의 중요한 줄기로,

이과 학생의 필수과목입니다. '불확정성 원리', '확률 해석' 등

양자역학 특유의 개념을 처음 접하는 사람은 고생하며 공부합니다.

그리고 그러한 고생담 속에서 여러 농담이 탄생했습니다.

2장에 등장하는 양자역학을 창조한 천재들도

마찬가지로 고생을 했을 것입니다.

그런 그들이 농담을 만들었을지 모릅니다.

그 속도측정기의 불확정성은 얼마인가요?

경찰이 운전 중인 하이젠베르크의 차를 세웠다.

경찰이 물었다.

"당신, 몇 킬로미터로 달렸는지 알아?"

하이젠베르크가 대답했다.

"아니, 모르겠소. 하지만 어디에 있었는지는 알지."

Science Joke 12
해설

불확정성 원리 1

독일의 물리학자 베르너 하이젠베르크(1901~1976)는 양자역학의 창시자 가운데 한 사람입니다. 행렬역학을 고안하고, 그 유명한 불확정성 원리를 발표했습니다.

양자역학은 원자나 분자나 미립자 등 마이크로 입자의 물리 법칙입니다. 20세기 초, 마이크로 세상의 법칙을 전 세계의 연구자가 밝히려 했습니다. 마이크로 세상의 법칙은 우리가 하는 매크로한 일상의 법칙과는 완전히 다르다는 것을 알게 되었기 때문입니다.

매크로 전자기학을 원자에 대입하면, 원자는 순식간에 에너지를 방출하고 붕괴되어야 합니다. 또한 특정 파장의 빛이 원자에서 방출되는 일을 매크로 물리학으로는 이해할 수 없었습니다. 어느 원자에서 어떤 파장의 빛이 나와도 상관없을 터입니다. 이러한 현상을 설명하는 마이크로 세상의 독특한 법칙은 무엇일까요?

하이젠베르크는 꽃가루 알레르기 치료를 위한 요양 중에 마이크로한 원자나 분자나 소립자를 이해하려면 상상도나 모형에 의지하면 안 된다는 생각을 합니다. 기침을 하던 순간에 번뜩인 것일까요?

매크로 세상의 아날로지를 이용하면 오히려 마이크로 세상의 본질을 잃는다고 생각한 하이젠베르크는 마이크로 측정치에만 의지해 마이크로 측정치를 예측하는 방법을 (코를 푸는 와중에도) 고안합니다. 그리고 이 방법으로 원자에서 나오는 빛의 파장을 계산하는 데 성공합니다. 이것이 양자역학의 기초가 되는 '행렬역학'입니다.

이 성과에 전 세계 연구자들이 놀랐는데 여기서 끝이 아니었습니다. 하이젠베르크의 행렬역학으로부터 1년이 되지 않아, 양자역학의 또 다른 시조 에르빈 슈뢰딩거(1887~1961)가 '파동역학'을 발표합니다. 더 직관적이고 시각적으로 원자를 묘사한 것이었습니다.

하이젠베르크의 행렬역학과 슈뢰딩거의 파동역학은 같은 법칙을 다른 수학 공식으로 나타낸 것입니다. 같은 법칙이라고는 하나, 천재가 아닌 일반인은 이미지화하기 쉬운 슈뢰딩거의 방법을 선호하는 것 같습니다(하이젠베르크의 방법은 입자의 회전 같은 문제에서 위력을 발휘합니다).

어쨌든 하이젠베르크를 비롯한 천재들이 달려들어 마이크로 세상의 법칙을 밝히고, 고작 수 년 사이에 양자역학이라는 학문 체계가 탄생합니다. 고작 1925년부터 1927년 사이의 일입니다.

측정치란 무엇인가? 측정한다는 것은 무엇인가? 이를 깊이 고찰한 하이젠베르크는 마이크로 물체의 측정에는 한계가 있다는 사실을 깨닫습니다. 이것이 바로 '불확정성 원리'입니다. 하이젠베르크의 불확정성 원리에 따르면, 마이크로 물체의 두 가지 물리량, 예를 들어 위치와 운동량은 동시에 정확히 측정할 수 없습니다. 운동량은 질량과 속도를 곱한 것으로, 운동의 '기세'를 나타내는 양입니다. 마이크로 물체의 위치를 정확히 측정하면 운동량이 어느 정도인지 알 수 없고, 물체는 어딘가로 날아가버립니다. 운동량을 정확히 측정하면 이번에는 위치를 확정할 수 없고, 물체가 어디에 있는지 알 수 없습니다.

하이젠베르크는 이것이 마이크로 세상을 지배하는 물리 법칙이라고 주장했습니다. 아무리 정밀한 측정 장치를 개발해도, 아무리 측정 방법을 궁리해도 마이크로 세상은 불확정성에 휩싸여 있어 모든 것을 동시에 결정할 수 없습니다. 너무나도 상식 밖의 주장입니다만 원자가 순식간에 붕괴되지 않는 것, 정해진 파장의 빛을 내뿜는 것도 이 원리로 설명됩니다.

물론 양자역학 법칙을 따르는 것은 마이크로 세상의 마이크로 입자뿐입니다. 자동차 같은 매크로 물체는 교통 법칙에 따라야 합니다. 운전하던 하이젠베르크 선생이 속도를 모른다면, 그것은 불확정성 원리의 측정 한계 때문이 아니라, 속도계를 보지 않았기 때문이겠죠.

플랑크의 야한 상수

Q | 양자역학 연구자는 왜 성관계에 서투른가요?

A | 그들은 위치를 알면 운동량을 알 수 없고,
운동량을 알면 위치를 알 수 없으니까.

Science Joke 13
해설

불확정성 원리 2

마이크로 세상의 기묘한 법칙, 불확정성 원리 이야기를 계속 해보겠습니다. 왜 마이크로 입자의 위치와 운동량을 동시에 정확히 측정할 수 없을까요?

하이젠베르크는 다음과 같은 예를 들어 설명했습니다. 전자라는 마이크로 입자의 위치를 측정한다고 합시다. 그러기 위해서는 전자에 빛을 비춰 반사광을 관찰합니다. 렌즈로 반사광을 모아 초점에 필름 또는 CCD(촬상소자)를 두고, 얻은 사진에 나타나는 광점 위치를 측정하면 전자의 위치를 측정할 수 있습니다.

이 측정에 '정밀도' 혹은 '오차'는 광점의 크기 정도입니다. 위치를 더 정확히 측정하기 위해서는 광점을 더 작게 만들면 되지만, 기술이 아무리 발달해도 빛의 파장 이하로는 만들 수 없습니다. 그렇기 때문에 전자의 위치를 측정하려면 전자를 비추는 빛의 파장 정도의 불확정성이 항상 따라붙습니다.

파장이 더 짧은 빛으로 전자를 비춰 측정하면 더 정확한 위치를 측정할 수 있습니다. 파장이 짧은 X선(엑스선, 파장 1000만분의 1밀리미터 정도)이나 γ선(감마선, 파장 10억분의 1밀리미터 이하)을 사용하면 위치를 정확히 측정할 수 있습니다.

그런데 빛은 광자라는 알갱이의 집합으로, 광자 한 개는 운동량을 갖습니다. 상당히 적은 운동량이지만 전자에 부딪쳐 전자의 운동량을 흐트러트릴 정도는 됩니다. 더구나 빛의 파장이 짧을수록 빛을 구성하는 광자 한 개의 운동량은 큽니다. 파장과 운동량의 관계는 다음과 같습니다.

$$\text{광자의 운동량} = \frac{h}{\text{파장}}$$

h는 플랑크 상수라고 불리는 물리정수로, 6.626×10^{-34}Js라는 상당히 적은 양입니다. h는 양자역학에서 많이 사용되는 적지만 중요한 물리량입니다.

운동량을 가진 광자를 전자에 쏘아 위치를 측정하면, 측정 후 전자의 운동량을 알 수 없게 됩니다. 아무리 약한 빛을 쏘아도 광자 한 개 이상은 포함되므로, 전자의 운동량에 광자 한 개의 운동량 정도의 불확정성이 생기는 것입니다.

위치를 정확히 측정하기 위해 짧은 파장의 빛을 사용하면 광자의 운동량은 커지고, 전자의 운동량을 알 수 없게 됩니다. 요컨대 위치를 정확히 측정하기 위해 짧은 파장의 빛을 사용하면 운동량을 정확히 알 수 없게 되고, 운동량의 불확정성을 줄이고자 긴 파장의 빛을 사용하면 위치를 알 수 없게 됩니다.

다른 측정 방법을 사용한다 해도 위치와 운동량을 동시에 정확히 결정할 수는 없습니다. 어느 한쪽의 정확성을 추구하면 다른 한쪽의 불확정성이 커집니다.

위치의 불확정성과 운동량의 불확정성의 누적은 반드시 플랑크 상수보다 커집니다. 이 관계를 수식으로 나타내면 다음과 같습니다.

위치의 불확정성 × 운동량의 불확정성 ≧ h

이것이 하이젠베르크가 제창한 불확정성 원리입니다. 마이크로 세상의 법칙, 양자역학의 중요한 원리입니다.

이미 몇 번이나 말했듯이 양자역학도 불확정성 원리도 마이크로 입자에 해당하는 법칙일 뿐 인체와 같은 매크로 물체는 위치와 운동량을 동시에 정하는 데 아무런 문제가 없습니다.

양자역학 연구자가 어떤 사이즈의 '물건'을 갖고 있든, 불확정성 원리에 지배될 만큼 마이크로하지는 않다고 양자역학 연구자의 명예를 위해 말해두겠습니다. 당연히 양자역학 연구자 중에는 남자도 있고 여자도 있습니다. 본문의 농담은 아무래도 양자역학 연구자가 남자라는 전제인 것 같군요. 농담에 너무 진지하게 반응하는 것 같기는 한데, 이것은 차별적 발언이네요.

슈뢰딩거 부인의 고양이

슈뢰딩거 부인이 남편에게 외쳤다.

"당신, 대체 고양이에게 무슨 짓을 한 거예요!

반쯤 죽었잖아요!"

Science Joke 14
해설

상태의 중복

하이젠베르크의 불확정성 원리와 마찬가지로 여러 농담의 소재로 사용되는 양자역학의 주제 '슈뢰딩거의 고양이'를 소개하겠습니다.

양자역학에는 불가사의한 법칙이 많은데, 그중 하나로 '아주 작은 물체(마이크로 입자)는 여러 다른 상태를 동시에 갖는다'는 것이 있습니다. 예를 들어 원자는 높은 에너지 상태를 갖거나 낮은 상태를 갖거나 합니다. 이것은 마이크로 입자도 마찬가지인데, 원자는 아예 높은 에너지 상태와 낮은 에너지 상태를 가질 수 있습니다. '두 개의 상태를 동시에 갖는다'고 표현할 수 있습니다. 두 개가 아니라 더 많은 상태를 중복해 가질 수도 있습니다.

중복 상태에 있는 원자 에너지를 측정한다면 어떤 측정치를 얻을까요? 예를 들어 0J(줄)과 10J(마이크로한 입자의 에너지로는 높은 수치)이라는 상태를 중복 측정하면 어떻게 될까요? 두 수치의 중간인 5J이 측정될까요?

이 부분이 양자역학의 기묘한 점입니다. 중복 상태인 원자는 측정 순간에 0J의 낮은 에너지 상태, 또는 10J의 높은 에너지 상태 둘 중 하나로 확정(변화)합니다. 0J 상태에 확정한 경우는 측정치가 0J이 나오고, 10J 상태에 확정한 경우에는 10J이 측정됩니다. 어느 쪽에 확정할지는 실제로 측정해보지 않으면 알 수 없습니다. 하지만 어느 쪽에 몇 퍼센트의 확률로 확정할지는 예상할 수 있습니다. 이 확률을 예측하는 방법이 양자역학입니다.

물론 여러 상태를 동시에 갖는 것은 마이크로 입자뿐입니다. 매크로 물체에서는 그런 현상이 관찰되지 않습니다. 양자역학의 시조 중 한 사람인 슈뢰딩거는 고양이를 이용한 신기한 실험 이야기를 통해 마이크로 세상의 법칙을 매크로 물체에 적용하면 안 된다고 경고했습니다. 만약 양자역학을 매크로 물체, 예를 들어 고양이에게 적용하면 살아 있는 상태의 고양이와 죽은 상태의 고양이가 동시에 존재하는 말도 안 되는 결론이 도출됩니다. 이것이 그 유명한 '슈뢰딩거의 고양이' 실험입니다.

그렇다면 슈뢰딩거 부인이 놀란 반은 죽고 반은 산 고양이란 대체 무엇일까요? 다음 편에서 슈뢰딩거 본인에게 진짜 설명을 들어봅시다.

슈뢰딩거의 고양이

고양이 한 마리를 강철 상자 속에 지옥행 독살 장치와 함께 넣는다(다만 고양이가 이 장치를 직접 건드리지 못하게 조심할 필요가 있다).

가이거 계수기 안에 미량의 방사성 물질을 넣어둔다. 이 방사성 물질은 한 시간 안에 그 안의 한 개 원자가 붕괴하거나 붕괴하지 않거나 하는 정도로 극히 미량이다. 만약 붕괴가 일어나면 계수기가 울리고, 그에 연동해 상자에 설치된 장치의 작은 망치가 움직여 청산가스가 든 작은 병을 깬다.

이것들을 한 시간 동안 방치한다고 하자. 그사이에 한 개의 원자도 붕괴하지 않으면 고양이는 살아 있을 수 있다. 하지만 첫 붕괴가 발생하면 고양이는 독살될 것이다. Ψ(프사이)함수를 사용해 이런 과정을 표현한다면, 이 모든 체계의 파동함수에는 산 고양이와 죽은 고양이가 같은 비율로 섞여 있다.

— 에르빈 슈뢰딩거, 『양자역학의 현상』

Science Joke 15
해설

관측과 확정

'슈뢰딩거의 고양이' 실험을 고안한 슈뢰딩거 자신의 설명입니다. 이 실험 자체가 하나의 농담이기도 합니다.

'프사이함수'라든가 '파동함수' 등 전문용어가 섞여 있습니다만, 그것을 빼고 설명하자면 먼저 고양이를 독살하는 장치를 상자 안에 설치합니다. 독살 장치의 스위치에는 방사성 물질이라는 마이크로 입자를 이용합니다. 마이크로 입자이기 때문에 양자역학 이론을 따릅니다. 상자에 고양이를 넣고 뚜껑을 닫고 한 시간이 지나면 이 마이크로 스위치의 상태는 켜지거나 꺼져 있는 상태로 중첩됩니다.

이때 양자역학을 고양이가 든 상자 속 전체에 적용한다면 고양이 또한 산 상태와 죽은 상태가 중첩됩니다. 그리고 상자를 연 순간에 어느 한쪽 상태로 확정되어 나타납니다. 묘한 결론입니다. 슈뢰딩거 자신도 '웃긴 이야기'라고 말했습니다. 왜 이런 결론이 나올까요?

이 있을 수 없는 실험의 교훈은 마이크로 세상의 법칙을 매크로 물체에 억지로 적용하면 안 된다는 것입니다. 양자역학은 마이크로 입자에 적용하는 것이지 매크로 물체, 예를 들어 고양이라든가 독살 장치에 적용해서는 안 됩니다. 억지로 적용하면 산 고양이와 죽은 고양이가 동시에 존재하는 말도 안 되는 결론이 나옵니다.

이 실험은 사실 양자역학의 근본적 결함을 지적하는 것입니다. 한 세기 가깝게 이용되며 다양한 응용 제품을 낳은 양자역학. 인류 지혜의 결정이라고 할 수 있는 이 물리학 이론은 그 근본에 애매한 부분을 포함하고 있습니다.

슈뢰딩거의 상자 속 방사성 물질은 시간이 지나면 on 상태와 off 상태가 중첩됩니다. 그리고 이것을 관측한 순간, on 또는 off 어느 한쪽의 상태로 확정한다고 양자역학의 법칙이 정해놓고 있습니다. 이 확정은 대체 무엇에 의해 일어나는 물리 과정일까요? 또한 확정을 발생시키는 마이크로 입자와 그렇지 않은 매크로 물체의 경계는 어디일까요?

현재의 양자역학은 이 질문에 전혀 대답할 수 없습니다. 양자역학 교과서는 상태의 확정이 마이크로 입자를 매크로 장치로 측정할 때 발생한다고 애매하게 설명할 뿐, 마이크로 입자가 무엇인지, 대체 어느 크기부터 매크로인지도 제대로 정의하지 못합니다.

슈뢰딩거의 고양이 실험은 방사성 물질이나 상자에 갇힌 고양이 같은 기발한 장치를 이용해 산 고양이와 죽은 고양이가 동시에 존재한다는 말도 안 되는 결론을 이끌어내며 양자역학이 안고 있는 문제를 지적합니다. 이는 물리학적으로도 철학적으로도 중요한 지적입니다.

슈뢰딩거는 뛰어난 유머감각을 가졌던 것 같습니다.

동물 실험 반대!

슈뢰딩거의 고양이가 어떤 형이상학적 의미를 갖고 있다 해도 나는 (살아 있을 가능성이 있는) 동물을 이러한 실험에 사용하는 일에 강력히 항의한다.

나는 여러분에게 이 연구를 통해 만들어지는 제품의 불매를 호소한다.

— 로저 비스비

Science Joke 16
해설

양자역학의 형이상학과 실천

근본적으로 잘 이해되지 않는 애매한 부분을 포함하는 양자역학입니다만, 양자역학은 그럼에도 불구하고 상당히 도움이 되는 실제적인 학문입니다.

양자역학은 전자 같은 마이크로 입자의 행동을 예측하고 제어합니다. 전자를 예측하고 제어한다는 것은 이른바 일렉트로닉스(전자회로기술)에서 하는 일입니다. 진공관, 진공관을 대체한 트랜지스터, 트랜지스터의 대집합인 집적회로, 필름을 대체한 CCD 같은 촬상소자, LED(발광 다이오드), 액정은 모조리 양자역학에 의해 탄생한 전자소자입니다.

주위를 둘러보면 이것들을 이용한 계산기, 휴대전화, 정보기기, 텔레비전 등 수많은 전자기기가 존재하며, 눈에 보이지 않는 의외의 장소에서도 우리의 생활을 지탱해줍니다. 또한 일렉트로닉스와는 관계없을 듯한 의약품, 화학물질, 신소재에도 원자나 분자가 어떻게 반응해 그것들을 만들어내는지 이해하려면 역시 양자역학이 필요합니다. 이렇듯 새로운 물질의 연구 개발에는 양자역학을 빼놓을 수 없습니다.

CD플레이어, DVD플레이어, 레이저 포인트, 측량 도구에 사용되는 레이저는 양자역학의 원리를 그대로 응용했다고 말할 수 있는 제품입니다. 레이저는 파장과 위상(位相)이 모인 빛으로, 과학 계측이나 과학 실험 도구에도 빼놓을 수 없는 존재입니다. 전자현미경, 터널 효과 현미경, 원자간력 현미경은 가정에서 볼 수 없겠지만, 제품 개발실이나 의료·생물학 연구실·실험실에는 구비되어 있습니다. 이것들은 그 동작 원리에 전자의 파동성이나 터널 효과 등 양자역학적 효과를 도입한 것입니다.

슈뢰딩거의 고양이 실험에는 방사성 물질이 등장했습니다만 원자핵의 붕괴 현상, 그 결과로서의 방사선, 공업적 응용인 원자로나 원자폭탄, 아직 실용화 영역이 무기에 한정된 핵융합은 역시 양자역학을 응용한 산물입니다. 양자역학으로 원자핵 반응을 예측해서 제어합니다. 앞으로 핵융합 발전이 실용화되면 현재의 에너지 문제와 지구온난화 문제를 해결할 수 있을 거라 봅니다. 이처럼 양자역학에 사람들이 거는 기대가 큽니다.

이렇게 보면 양자역학은 상당히 공업적이고 상업적으로 성공한 학문 분야라는 사실을 알 수 있습니다. 양자역학이 만든 제품을 불매하려면 최근 1세기 동안 개발된 공업제품 대부분을 버리고 산으로 들어가 살아야 할 것입니다.

양자역학의 근본에 포함된 애매한 부분은 실제 이용할 때는 전혀 문제가 없습니다. 그런 문제에 집착한 토론은 의미가 없어 보이기도 합니다. 그러한 형이상학적 철학 문제를 피해 도움이 되는 실용화 연구를 해야 한다는 생각도 있을 것입니다. 실제로 그런 연구자가 태반입니다.

그럼에도 불구하고 이 '관측 문제'나 '슈뢰딩거의 고양이'는 1세기 가깝게 사람들을 매혹시키며 수없이 통렬한 토론을 낳았습니다. 그와 함께 수많은 농담도 탄생시켰음이 틀림없습니다.

(* 로저 비스비는 건축 전문가로, 텔레비전 사회자도 겸하는 다재다능한 영국인입니다. 이 농담은 비스비가 《가디언》 지에 투고한 것으로, 허락을 받아 게재했습니다.)

거북이는 1만 년, 양자는 10^{34}년

"아저씨, 아저씨. 어제 양자는 10^{34}년 동안 부서지지 않는다고 아저씨가 말해서 샀는데, 오늘 아침에 봤더니 부서졌잖아요!"

"그거 안됐네. 그 양자가 이제 10^{34}세이거든."

— 마에노 마사히로

Science Joke 17
해설

양자의 붕괴

원자는 원자핵이라는 무거운 입자와 원자핵 주위를 도는 전자라는 가벼운 입자로 구성되어 있습니다. 원자핵을 분쇄하면 + 전하를 가진 양자와 전기적으로 중성을 띠는 중성자가 굴러나옵니다. 양자와 중성자가 몇 개 모여 있느냐에 따라 원자핵이나 원자의 성질이 결정됩니다. 수소의 원자핵은 가장 단순해서 양자 한 개로도 만들어집니다. 원자핵 연구자는 전자의 존재를 경시하는지 양자를 수소라고 불러 화학 관계자들의 빈축을 삽니다.

중성자는 원자핵에서 꺼내면 불안정해져서 15분 만에 부서지고, 그 뒤에 양자와 전자와 뉴트리노(중성미자)만 남습니다. 남는다고 해도 아주 가벼운 뉴트리노가 아주 적은 에너지를 가질 뿐, 바로 빛에 가까운 속도로 날아가버립니다.

한편 양자는 안정적이라 아무리 시간이 지나도 부서지지 않습니다. 우주의 시작과 함께 생겨난 양자는 137억 년이 지난 지금도 남아 있습니다. 우주공간을 떠도는 대량의 수소 원자는 우주의 시작을 가져온 빅뱅 후에도 계속 떠도는 중입니다. 우주뿐 아니라 우리 몸에도 양자가 대량으로 포함되어 있는데, 양자가 안정적인 것은 우리에게 정말 행운이라 할 수 있습니다.

하지만 어떤 소립자 이론에 따르면, 안정적인 양자라도 오랜 시간이 지나면 부서져 다른 입자로 변한다고 합니다. 그 수명은 10^{31}년이라고도 10^{34}년이라고도 합니다. 최근에는 긴 수치 쪽이 지지받는 것 같습니다. 10^{31}년이든 10^{34}년이든 엄청나게 길고 긴 시간으로 우주 나이의 1조 배의 1억 배보다 깁니다.

양자가 10^{31}년이 지나면 붕괴한다고 했을 때, 그 순간을 관측하려면 어떻게 해야 할까요? 측정 장치에 한 개의 양자를 고정하고 10^{31}년간 기다리는 방법도 있겠습니다만, 10^{31}개 혹은 그 이상의 양자를 측정 장치에 고정해 1년간 관측하는 편이 현명하지 않을까요?

반올림해서 30년 정도 전 일입니다만, 양자 붕괴를 관측하기 위한 실험이 일본 기후 현의 가미오카 광산의 지하 1킬로미터 지점에서 시작되었습니다. '가미오칸데'라는 그 측정 장치는 3,000톤의 물탱크 속에서 양자 붕괴가 일어나면 그 빛을 관측하는 구조입니다. 3,000톤의 물에는 10^{33}개 정도의 양자가 포함되어 있습니다. 양자의 수명이 10^{31}년이라면 물탱크 속의 양자가 1년에 100개 정도 부서질 것입니다.

그런데 아무리 시간이 지나도 양자 붕괴는 발생하지 않았습니다. 처음 예상과는 달리 양자의 수명은 10^{31}년보다 긴 것 같습니다. 이론꾼은 이론 수정을 할 수밖에 없게 되었습니다.

그사이 가미오칸데는 양자 붕괴 대신 16만 8,000광년 떨어진 초신성 폭발에서 도래한 뉴트리노를 검출해버렸습니다. 이것은 이것대로 엄청난 성과로, 노벨 물리학상을 수상하고, 가미오칸데의 스케일을 더 확장시킨 '슈퍼 가미오칸데'를 만드는 예산이 책정되는 데 기여했습니다.

하지만 가미오칸데도 슈퍼 가미오칸데도 아직까지 양자 붕괴를 발견하지 못했습니다. 양자의 수명에 대한 측정치는 계속 늘고 있습니다. 현재 양자의 수명은 10^{34}년이 넘는다고 여겨지고 있습니다. 양자의 수명인 10^{34}년이 지났다 해도, 그리고 오늘이 10^{34}년째라고 해도 양자가 반드시 오늘 붕괴하지는 않습니다. 수명이 10^{34}년이라는 것은 양자의 평균 수명이 10^{34}년이라는 것입니다. 어떤 양자는 첫 1년째에 붕괴하고, 어떤 것은 10^{34}년에 붕괴하고, 어떤 것은 2×10^{34}년에 붕괴해서 그러한 수많은 양자의 평균을 내면 10^{34}년이라는 것입니다.

어제 산 양자가 그날 부서진다는 것은 정말로 일어나기 힘든 일입니다. 확률로 말하자면 1조분의 1의 1조분의 1의 1조분의 1 정도입니다. 아저씨가 판 것은 아마도 양자가 아니라 중성자에 색을 칠한 가짜가 아니었을까요?

(* 이 농담은 류큐 대학교 마에노 마사히로 부교수의 허락을 받아 게재했습니다.)

우리는 페르미온

전자 두 개가 공원 벤치에 앉아 있었다.

다른 전자가 지나가다 말했다.
"여, 함께 앉아도 될까?"

벤치에 앉아 있던 전자가 대답했다.
"웃기시네. 우리는 보손이 아니거든."

— R. J. 반 데르 바요르

Science Joke 18
해설

보손과 페르미온

초보자라면 깜짝 놀랄 양자역학의 신비한 현상을 하나 더 소개합니다. 어떤 종류의 마이크로 입자는 같은 장소에 몇 개나 동시에 존재할 수 있습니다.

아기나 곤충, 나무조차 천성적으로 아는 상식인데, 두 개 이상의 매크로 물체가 같은 위치를 동시에 차지할 수는 없습니다. 공원의 미끄럼틀이나 그네나 벤치를 두 명 이상의 아이가 동시에 점유할 수는 없습니다. 그래서 말을 제대로 하기도 전에 순서를 지키는 규칙부터 배웁니다.

그런데 '보손'이라든가 '보스 입자'라고 불리는 마이크로 입자는 같은 위치에 몇 개나 존재할 수 있습니다. 더 정확히 말하자면 하나의 '상태'를 여러 개의 보손이 점유할 수 있습니다. 예를 들어 같은 위치를 몇 개의 보손이 점유하거나, 같은 에너지 상태를 몇 개의 보손이 갖기도 합니다. 말하자면 보손은 '겹친 채' 존재합니다. 광자나 어떤 종류의 원자핵, 헬륨 원자가 그런 성질을 가집니다. 상당히 비상식적인 녀석들이죠.

한편 매크로 물체처럼은 아니지만, 하나의 상태에 한 개만

들어갈 수 있는 입자도 있습니다. 그러한 입자를 '페르미온' 또는 '페르미 입자'라고 부릅니다. 전자, 양자, 중성자는 페르미온입니다. 다만 회전 상태가 다른 페르미온이라면 같은 위치를 점유할 수 있습니다. 이 점이 매크로 물체와 다른 점입니다.

회전 상태란 입자의 자전 상태 같은 것이라고 애매하게 설명해두겠습니다. 예를 들어 전자는 오른쪽 회전 상태와 왼쪽 회전 상태의 둘 중 하나를 취할 수 있습니다. 그리고 오른쪽 회전 상태의 전자와 왼쪽 회전 상태의 전자는 동시에 같은 위치를 점유할 수 있습니다. 이 두 개의 전자는 위치는 같지만 다른 상태를 점유하고 있다고 간주합니다. 결국 같은 위치를 점유할 수 있는 전자는 두 개까지, 같은 에너지를 가질 수 있는 전자도 두 개까지라는 것입니다.

앞에서 말한 '하나의 상태를 점유하는 전자는 한 개까지'라는 원칙은 '파울리 배타 원리'로 불립니다. 오스트리아 출생의 미국 물리학자 볼프강 파울리(1900~1958)가 밝혀낸 양자역학의 법칙입니다. 매크로 물체라면 당연한 이 법칙도 마이크로 세상에 해당될지 어떨지, 양자역학의 창시자들은 손으로 더듬어 확인해나갈 수밖에 없었습니다.

3장

소리 · 빛 · 도플러 효과 편

소리는 귀로 듣고 빛은 눈으로 봅니다.
전혀 닮지 않은 두 현상이지만, 그 정체는 양쪽 모두 파장입니다.
파장을 갖고 헤르츠로 측정되는 진동수를 가지며,
어떤 속도로 공간을 질주합니다. 우리는 이를 도플러 효과라고
학교에서 배웁니다만, 과연 제대로 기억하고 있을까요?
3장에서 함께 배워봅시다.

도플러 효과

Q | 도플러 효과를 관찰하는 가장 간단한 방법은?

A | 밖에 나가서 차를 보면 돼.

가까이 다가오는 차의 빛은 하얗고,

멀리 떨어지는 차의 빛은 빨갛게 보일 테니까.

Science Joke 19
해설

소리와 빛의 도플러 효과

가까이 다가오는 구급차의 사이렌이나 열차의 경적은 높게, 멀어질 때에는 낮게 들립니다. '도플러 효과'입니다.

19세기 오스트리아 물리학자 크리스티안 도플러(1803~1853)가 이 효과를 연구했습니다. 열차를 탄 사람에게 악기를 연주하게 하고 절대음감을 가진 사람에게 듣게 했습니다. 상당히 즐거워 보이는 이 실험으로 소리의 변화를 조사했습니다.

도플러의 연구에 따르면, 다가오는 음원에서 나는 소리는 파장이 짧고 진동수가 큽니다. 즉 높게 들립니다. 반대로 멀어지는 음원에서 나는 소리는 파장이 길고 진동수가 적습니다. 즉 낮게 들립니다. 다만 소리를 듣는 사람과 대기는 정지해 있어야 합니다.

도플러가 이 효과를 연구했던 시기는 철도가 최초로 건설된 지 10년 정도 후입니다. 열차의 경적이 인류에게 이 현상을 인지시켜 연구된 것일지도 모릅니다.

도플러는 소리뿐만 아니라 빛의 도플러 효과도 연구했습니다. 하지만 안타깝게도 그가 도출한 수식은 틀렸습니다. 빛의 도플러 효과를 올바로 기술하려면 아인슈타인의 상대성 이론이 필요합니다만, 상대성 이론도 아인슈타인도 아직 태어나지 않았던 시기입니다.

광원이 광속에 필적하는 속도로 운동하면 상대성 효과에 의해 광원의 시간이 느려집니다. 이를 고려한 올바른 빛의 도플러 효과는 광원이 접근할 경우 이렇습니다.

$$\text{관측되는 파장} = \text{원래의 파장} \times \sqrt{\frac{\text{광속} - \text{광원의 속도}}{\text{광속} + \text{광원의 속도}}}$$

도플러가 죽고 20세기가 되어서야 올바르게 정리된 식입니다. 올바른 도플러 효과의 수식에 따르면 다가오는 광원의 빛은 파장이 짧고 진동수가 커지고, 반대로 멀어지는 광원의 빛은 파장이 길고 진동수가 적어집니다. 소리와 비슷하군요.

음(소리)이 높아지는지 낮아지는지는 (음치가 아닌 한) 들으면 알 수 있습니다. 하지만 빛의 파장이 짧아졌는지 길어졌는지는 소리만큼 알기가 쉽지 않습니다. 무지개의 색은 빨, 주, 노, 초, 파, 남, 보의 일곱 가지 색이라고 배우는데, 파장이 긴 순으로 열거되어 있습니다. 일곱 가지 색 중 가장 파장이 긴 것은 빨간색(700나노미터, 즉 100만분의 700밀리미터), 가장 짧은 것은 보라색(400나노미터)입니다.

그래서 순수한 녹색(500나노미터) 광원이 초속 10만 킬로미터로 다가오면 보라색으로 보입니다. 같은 속도로 멀어지면 녹

색 빛은 빨간색으로 보입니다. 광원이 더 멀리, 예를 들어 초속 20만 킬로미터로 움직이고 있다면 어떨까요? 다가온다면 노란색 빛은 자외선, 멀어진다면 적외선이 됩니다.

빛의 도플러 효과가 나타나는 것은 광원이 광속에 필적하는 엄청난 속도일 경우입니다. 한낱 농담인데 틀렸다고 지적하는 게 별로 좋아 보이지는 않겠지만, 자동차의 속도로는 빛의 도플러 효과를 관측할 수 없습니다. 말할 필요도 없이 헤드라이트가 흰색이고 후미등이 빨간색인 것은 도플러 효과와 관련이 없습니다.

은하가 엄청 파랗기 때문에

젊은 천문학 연구자가 천문대 소장의 사무실로 달려와서 외쳤다. "선생님, 연속 여섯 시간의 가시광 관측 결과, 엄청난 발견을 했습니다! 나쁜 뉴스와 좋은 뉴스가 있습니다!"

나이 지긋한 천문학자가 물었다.
"좋은 뉴스는 어떤 뉴스인가?"

젊은 연구자가 대답했다.
"새로운 은하가 출현했습니다. 그 은하는 우리 은하계에서 고작 14광년 떨어져 있습니다."

나이 지긋한 천문학자가 감탄하며 다시 물었다.
"그거 굉장하군! 훌륭해! 놀라운걸! 그래서 나쁜 뉴스는 뭐지?"

젊은 연구자가 대답했다. "그게 파랗습니다!"

Science Joke 20
해설

우주의 도플러 효과

자동차에서 로켓까지, 우리가 일상생활에서 목격하는 물체는 빛과 비교하면 달팽이처럼 느립니다. 도플러 효과도 상대성 효과도 거의 나타나지 않습니다. 하다못해 광속의 1퍼센트에도 못 미친다면 측정할 의미가 없습니다.

예외적으로 빠른 것이라면, 지금은 좀처럼 볼 수 없는 브라운관 속 전자, 뢴트겐 촬영에 사용되는 X선 발생 장치 속 전자, 저 멀리 우주에서 와서 우리의 몸을 지금 이 순간에도 통과 중인 우주선이 있습니다만, 일상생활에서 목격할 수 있는 것이라 하기는 힘듭니다.

애당초 광속에 가까운 것이 일상생활에서 여기저기 날아다닌다면, 빛의 도플러 효과도 상대성 효과도 너무 흔해서 농담의 소재가 되지 못할 것입니다.

한편 밤하늘을 가시광 망원경이나 적외선 망원경, 전파 망원경으로 올려다보면 우주에는 비일상적인 물체가 엄청난 속도로 날아다닙니다. 예를 들어 '은하'는 몇억 년 전의 '항성'이 모여서 생긴 완전히 비일상적인 물체입니다. 직경이 수만 광년이고, 수억 년에 한 번이라는 엄청나게 느린 페이스로 회전합니다. 우주에는 이러한 물체가 수천억 개 떠다닙니다.

은하의 속도를 측정할 수 있게 되고 안 사실은, 우주의 은하는 우리가 사는 은하계에서 엄청 빨리 도망치고 있다는 것입니다. 멀리 있을수록 더 빠릅니다. 아주 적은 예외를 제외하고 은하는 우리에게서 먼 방향으로 운동 중입니다. '우주 팽창'이라는 현상으로, 수천억 개의 은하를 내포하는 우주 전체가 팽창하고 있다는 현기증이 날 것 같은 이야기입니다.

우리에게서 100억 광년이나 떨어진 은하는 초속 20만 킬로미터, 즉 광속의 70퍼센트라는 엄청난 속도로 멀어지고 있고, 도플러 효과도 현저하게 나타납니다. 애당초 은하의 속도는 은하에서 도래하는 빛의 도플러 효과로 계산을 하는 것이니, 현저하게 나타나는 것이 당연합니다.

대부분의 은하는 우리에게서 멀어지고 있다고 말했습니다. 아주 적은 예외는 우리의 이웃이라 해도 좋은 근처 은하뿐으로, 예를 들어 230만 광년이라는 아주 가까운 거리에 있는 안드로메다 은하는 우리의 은하계로 접근하는 방향으로 운동하고 있습니다. 안드로메다 은하와 우리 은하계는 앞으로 30억 광년이 지나면 충돌해서 합체, 거대한 타원 은하가 될 것으로 예상하고 있습니다.

그렇다면 젊은 연구자가 발견한 14광년(!) 거리에 있다는 은하를 보죠. 도플러 효과로 파랗게 보인다면 그 은하는 우리 은하계와 충돌하는 코스에 있을 것입니다. 사실 은하의 공간은 거의 비어 있어서 은하에 돌을 던져도 항성에 맞지 않고 그대로 빠져나갈 테니, 은하끼리 충돌해도 별다른 일은 일어나지 않을 거라고 생각합니다.

그것은 어디에 도움이 되나요?

패러데이 박사는 청중들 앞에서 장기인 과학 강연을 했다. 그는 자신이 발견한 전자유도 효과를 직접 실연했다. 코일 옆에서 자석을 움직이면 코일에 전류가 발생해 전류계의 침을 진동시키는 것이다.

청중의 박수 속에 강연을 마무리하며 패러데이 박사가 말했다. "질문 있으신가요?"

그러자 한 부인이 손을 들었다.

"패러데이 선생님, 설명해주신 효과를 얻을 수 있다면 그것은 어디에 도움이 되나요?"

패러데이 박사가 부인에게 되물었다.

"부인, 갓 태어난 아기가 어디에 도움이 되냐고 말할 수 있나요?"

— 작자 미상

"아니, 아마 아무런 도움도 안 되겠지."

— 하인리히 루돌프 헤르츠

Science Joke 21
해설

전자유도

영국의 위대한 과학자 마이클 패러데이(1791~1867)는 가난한 하층계급에서 태어나 고생 끝에 학자가 되었고, 물리학과 화학 등 여러 분야에 눈부신 공헌을 했습니다. 일반인을 상대로 과학 강연을 하거나 해설서를 집필하는 등 계몽 활동에도 힘썼으며, 인격도 훌륭했다는 미담이 전해집니다. 엄청나게 좋은 사람이었나 보네요.

패러데이의 빛나는 업적 가운데 '전자유도'의 발견이 있습니다. 미국의 물리학자 조셉 헨리(1797~1878)도 독자적으로 이 현상을 발견했습니다만, 발표는 패러데이가 먼저 했습니다. 헨리에게는 안타까운 일이지만, 현재 이 법칙은 '패러데이의 전자유도 법칙'이라고 불립니다.

전선을 감은 것을 코일이라고 합니다. 자석을 코일에 가까이 가져가거나 먼 쪽으로 움직이면 코일에 전류가 흐릅니다(코일에 전류를 흘리면 자석이 되는 전자석과는 반대입니다). 변화하는 자장이 전기장을 생성합니다. 이것이 바로 전자유도입니다.

본문에서 어느 부인이 질문한 것처럼 이 장난감 같은 효과는 대체 어디에 도움이 될까요? 물론 전자유도를 응용한 기술은 수없이 많습니다만, 중요한 것을 거론하자면 먼저 발전기가 있습니다. 화력, 수력, 원자력, 풍력 등 동력을 발생시키는 에너지원에 차이는 있으나 어떤 방식의 발전에서도 바퀴를 돌리는 것은 마찬가지입니다. 바퀴에는 코일이 감겨 있고, 자석에 가까이 가져가거나 멀리 떼어놓거나 해서 발전합니다. 발전소에서는 열심히 전자유도 현상이 일어납니다.

또한 현대 가정에는 이 발전유도를 이용한 전기부품이 수십 개 정도 사용되고 있을 것입니다. 벽의 콘센트와 전자기기를 연결하는 전선은 도중에 '전원 어댑터'라 불리는 네모난 모양의 상자를 통하기도 합니다. 이 상자는 전자유도를 이용해 220볼트나 110볼트 전압을 전자기기에 맞는 수십 볼트로 변환시킵니다.

어떻게 그것이 가능한지 110볼트 전압을 예로 들어 설명해 보겠습니다. 먼저 110볼트 전압을 전자석에 주입합니다. 콘센트의 전원은 교류이고 동일본에서는 1초에 100회(50헤르츠), 서일본에서는 120회(60헤르츠) 방향이 바뀌므로 전자석은 1초에 100회나 120회 온오프를 반복합니다. 이것은 자석에 가까이 하거나 멀리 떼거나 하는 것과 마찬가지의 효과를 코일에 가져오므로, 상자 속 코일에 전자유도에 의한 전압이 발생합니다. 감는 코일의 수를 조절하면 원하는 전압을 얻을 수 있습니다. 이것이 어댑터, 다른 이름으로 '변압기'의 원리입니다.

패러데이 선생과 부인의 엉뚱한 대화는 약 100년 전 문헌에서도 볼 수 있는 유서 깊은 농담입니다. 유서는 깊지만 19세기 영국에서 여성에게 고등교육이 시행되지 않았다는 사실을 생각하면, 어리석은 부인을 야유하는 듯한 농담이 좀 거북하게 느껴집니다. 여성은 상위계급 출신이어도 고등교육을 받을 수 없었고 도서관 출입도 금지되었습니다.

한편 이에 대한 허무주의적 대답 "아마 아무런 도움도 안 되겠지"는 독일의 물리학자 하인리히 루돌프 헤르츠(1857~1894)가 한 말입니다. 헤르츠는 맥스웰 방정식을 이용해 전자파의 존재를 예언했습니다. 빛의 속도로 방출되는 전자장의 진동입니다. 그리고 실험을 통해 전자파의 존재를 입증했습니다. 코일로 만든 전자파 발생 장치에 스위치를 넣으면 떨어진 곳에 있는 다른 수신 코일이 불꽃을 뿜습니다. 전자파, 이 경우에는 전파가 발생 장치에서 수신 코일이 있는 곳까지 날아간 것입니다.

이것은 사상 최초의 전파 통신입니다. 서로 떨어진 대륙을 통신으로 연결하고, 라디오로 다른 나라의 정보를 듣고, 텔레비전으로 방송을 보고, 비행기나 미사일을 유도하고, 휴대전화로 지구 반대편의 친구와 대화하는 전파시대의 막을 연 것입니다.

이렇게 엄청난 발견을 했음에도 당사자인 헤르츠는 전자파의 가능성에 비관적이었는지, 자신의 실험은 맥스웰 방정식을 검증하는 학술적 의의밖에 없다고 생각한 모양입니다. 당신이 발견한 전자파는 어디에 도움이 되느냐는 질문에 "아마 아무런 도움도 안 되겠지"라고 대답했다고 전해집니다.

빛이 있으라

신이 말했다.

$$
\begin{aligned}
\vec{\nabla} \cdot \vec{E} &= \frac{\rho}{\varepsilon} \\
\vec{\nabla} \cdot \vec{H} &= 0 \\
\vec{\nabla} \times \vec{H} &= \varepsilon \frac{\partial \vec{\mathrm{E}}}{\partial t} + \vec{\mathrm{j}} \\
\vec{\nabla} \times \vec{E} &= -\mu \frac{\partial \vec{\mathrm{H}}}{\partial t}
\end{aligned}
$$

그리고 빛이 있었다.

— 작자 미상

“이 식을 적은 것은 신이 아니었을까.”

— 루드비히 볼츠만(괴테, 『파우스트』에서)

Science Joke 22
해설

맥스웰 방정식

본문의 앞부분은 말할 필요도 없이 구약성서 중 창세기의 패러디입니다.

신은 하늘과 땅을 만든 다음 최초의 말을 합니다.

"빛이 있으라."

그러자 빛이 나타나 세상을 비추어 낮과 밤으로 나뉩니다. 천지창조의 첫날입니다.

"빛이 있으라"라는 말 대신 적힌 것은 맥스웰 방정식입니다. 엄청난 이론물리학자 제임스 맥스웰(1831~1879)은 전기와 자기에 대해 고찰한 끝에 그때까지 여러 연구자에 의해 제각각 기술되었던 전기의 법칙과 자기의 법칙을 통일시켜 '전자기학'으로 정리합니다. 그렇게 완성된 전자기학의 정수가 이 네 줄의 방정식입니다. 세트로 '맥스웰 방정식'이라고 불립니다.

전자기학의 거의 모든 것이 이 네 줄의 방정식에서 출발합니다. 전자기학을 응용한 제품 천지인 현대 문명은 이 네 줄의 방정식에서 출발했다고도 할 수 있겠습니다. 석유나 수력이나 핵연료 에너지를 전기로 바꾸는 발전기도, 그 전력으로 움직이는 수많은 가전제품, 모터, 하이브리드 차량도, 콘덴서나 코일 등의 전기부품도, 그것을 사용한 전기회로도 맥스웰 방정식 없이는 꼼짝도 하지 않습니다.

그러한 응용은 모두 중요합니다만, 그중에서도 특히 주목해야 할 것은 '전자파'입니다. 통신에 사용되는 전파, 세상을 비추는 가시광선, 체내를 통과하는 X선, 다량으로 쐬면 건강에 좋지 않은 γ선(감마선)은 전자파의 다른 이름이자, 자연계나 사회에서 모두 중요한 역할을 하는 현상입니다. 전자파는 맥스웰 방정식을 따릅니다.

이과 계열 대학생은 전자기학 강의에서 질릴 정도로 맥스웰 방정식과 마주합니다. 이 방정식은 벡터 해석이라는 수학 기법으로 적혀 있어, 학생들은 벡터 해석을 고생하며 배우고 맥스웰 방정식으로 전자파 방정식을 산출합니다. 그러니 신이 외치자 이 네 줄의 방정식이 생겼다는 농담에 전자기학을 배운 사람이라면 바로 웃음 짓게 되는 것입니다. 물론 분야 밖의 사람에게는 이상한 주문 같겠지만요.

맥스웰 방정식은 가장 아름다운 방정식이라는 말을 듣기도 합니다. 사실 맥스웰 방정식을 네 줄의 심플한 형식으로 정리한 사람은 맥스웰이 아니라 앞에도 등장한 헤르츠입니다. 헤르츠는 맥스웰 전자기학의 식을 정리해 여기 기록된 것에 가까운 형태로 정리합니다.

이 방정식에 감탄한 오스트리아 이론물리학자 루드비히 볼츠만(1844~1906)은 "이 식을 정리한 것은 신이 아닐까?"라며 멋진 감상을 늘어놓았습니다. 고도의 수학을 다루었던 천재 볼츠만은 맥스웰 방정식의 아름다움을 우리 일반인이 미치지 못하는 깊이로 이해하고 맛보았음이 틀림없습니다.

여기까지는 교과서에도 자주 소개되는 내용입니다만, 사실 볼츠만의 말은 단순한 감상이 아닙니다. 괴테의 희곡『파우스트』의 파우스트 박사의 대사에서 차용했습니다(이 사실을 지적한 문헌은 본 적이 없네요. 알고 계신 분이 있다면 알려주세요). 수많은 학문에 통달한 파우스트 박사는 예언자 노스트라다무스의 문서를 읽고 감격하여 저런 감상을 늘어놓게 됩니다.

볼츠만은 당시 이미 고전이었던『파우스트』에서 이 대사를 인용하여 신성할 정도로 아름다운 맥스웰 방정식에 찬사를 보내고, 더불어 문학적 교양까지 겸비했다는 사실을 보여준 것입니다. 독일의 고전문학과 이론물리학 양쪽에 소양 있는 사람이라면 알아차리고 웃음 지을 만하다는 것인데, 괴테로부터 약 200년, 볼츠만으로부터 약 100년이 지난 현재에는 해설 없이 이해할 수 있는 사람이 별로 없겠죠.

소리가 언제 들릴지 긴장되지 않나요?

번개를 본 직후, 천둥소리를 들으면 번개가 얼마나 가까이에 떨어졌는지 알 수 있다.

만약 들리지 않았다면 번개를 맞은 것이니 더 이상 신경 쓸 필요가 없다.

번개

잘 알려진 사실입니다만, 번개가 쳤을 때 번개와 천둥은 동시에 발생하지만 빛보다 소리가 느리기 때문에 천둥소리가 번개보다 늦게 도달합니다. 빛의 속도는 초속 299,792,458미터, 즉 약 초속 30만 킬로미터입니다만, 소리는 20℃에서 초속 343미터입니다. 빛의 속도는 마하 88만입니다.

번개가 번쩍인 다음 몇 초 뒤에 천둥이 들리는지 측정해 그 시간을 음속으로 변환하면, 번개와의 거리를 알 수 있습니다. 1초 후에 들렸다면 343미터 떨어진 것입니다. 5초 후라면 약 1,700미터라는 계산이죠.

번개는 대기 속에서 일어나는 대규모 정전기 발화입니다. 구름은 수분이나 얼음 알갱이의 집합입니다. 구름이 발생·성장하면 수분과 얼음 알갱이는 기류를 타고 이동합니다. 이때 어째서인지 수분이나 얼음은 +(플러스)나 −(마이너스) 전하를 띱니다. 어떤 조건에서 전하를 띠는지에 대해 몇 가지 설이 있지만, 확실한 사실은 아직 밝혀지지 않았습니다. 커다란 알갱이와 작은 알갱이가 비벼지면 커다란 알갱이 쪽이 마이너스, 작은 알갱이 쪽이 플러스 전하를 띤다든가, 이동하는 알갱이가 지구의 자장으로 분극이 된다는 식으로 설명되고 있습니다.

전하 사이의 인력이나 척력과는 반대로 기류가 흐르면 전하가 에너지를 축적합니다. 즉 기류가 구름이라는 거대한 축전지에 충전을 합니다. 구름 위쪽이 +극, 땅에 가까운 하부가 -극 전지입니다. 전압은 1억 볼트가 넘습니다.

그리고 전기 에너지가 한계까지 모이면 어떤 계기로 단숨에 방출됩니다. 원래는 전류가 흐르지 않는 공기 속에 억지로 엄청난 전류가 흘러 아름답고 엄청난 빛과 소리를 발생시키는 것입니다. 전류는 구름 상부의 +극과 하부의 -극 사이나, 하부의 -극과 땅 사이를 흐릅니다.

이 전기 에너지가 어떤 계기로 단숨에 방출되는지도 제대로 밝혀지지 않았습니다. 우주에서 오는 방사선이 방아쇠가 된다는 설도 있습니다.

전자기학의 여명기, 전기에 +와 -가 있다는 사실조차 아직 제대로 밝혀지지 않았을 때, 미국의 정치가이자 과학자인 벤저민 프랭클린(1706~1790)이 연을 이용한 실험으로 번개의 정체가 전기라는 사실을 증명했다고 합니다. 다만 이 실험은 꾸민 이야기라는 설도 있습니다.

프랭클린은 번개가 치는 날에 연을 띄우고, 연과 전선으로 연결한 '라이덴 병'에 전하를 모아 번개가 전기를 동반한다는 사실을 실험했습니다. 이 실험은 너무 위험해 따라해보려던 사람이 몇 명이나 목숨을 잃었습니다. 그래서 프랭클린의 실험을 의심하는 사람도 있습니다.

지어낸 이야기이든 아니든 번개는 전자기학이 처음 시작되었을 무렵부터 연구되어왔습니다. 그럼에도 불구하고 아직도 발생 구조를 제대로 밝혀내지 못했습니다.

여담입니다만, 원시적 축전지인 '라이덴 병'(아래 사진)의 이름은 네덜란드의 '라이덴 시'에서 따온 것입니다.

(* 사진 제공: 주식회사 우치다양행)

최고의 노력

한 인터넷 서비스 업체가 잡지에 광고를 실었다.

“빛 말고는 우리의 최고속도를 이길 자가 없다.”

그런데 운 나쁘게도 그 광고 옆에 “덴마크의 과학자가 빛을 느리게 만드는 데 성공했다”는 기사가 실렸다. 그 과학자는 빛을 시속 60킬로미터까지 감속시켰다고 한다.

일주일 후 인터넷 업체는 새로운 광고를 실었다.

“우리의 최고속도는…… 물리학자에게는
이기지 못할 때도 있습니다.”

— 벤저민 프란츠

Science Joke 24
해설

광속

광속, 즉 초속 299,792,458미터, 약 초속 30만 킬로미터, 즉 1초에 지구를 일곱 바퀴 반을 도는 속도는 상당히 중요한 기초 물리정수로, 우주를 현재와 같은 형태로 만든 요소 중 하나입니다. 이 속도는 소리의 약 88만 배, 지구를 도는 인공위성의 약 4만 배입니다. 엄청나게 빨라서 실감이 잘 안 납니다.

광속은 그저 빠르기만 한 것이 아니라 우주의 최고속도입니다. 어떤 물체라도 질량이 있는 것이라면 가속해도 광속을 뛰어넘을 수 없습니다. 광속에 도달할 때까지 에너지가 끝없이 필요하다는 계산이 나옵니다.

무슨 말이냐면, 질량이 있는 물체에 외부에서 에너지를 가해서 가속하면 속도가 늘고 운동 에너지가 커집니다. 외부에서 가한 에너지가 운동 에너지로 변한 것입니다. 그런데 속도가 광속에 가까울 때 밖에서 에너지를 가하면 속도 대신 질량이 늘어 운동 에너지가 커집니다. 밖에서 주입한 에너지가 질량을 늘리는 데 사용된 것입니다. 이것이 질량이 있는 것을 가속해도 광속에 도달하지 못하는 이유입니다.

그리고 상식을 벗어나는 광속의 다른 특징은 움직이는 사람이 측정해도 초속 299,792,458미터라는 수치에 변함이 없다는 사실입니다. 음속으로 날아가는 비행기 속에서 광속을 측정해도, 지구를 도는 인공위성 속에서 광속을 측정해도 수치는 동일합니다.

참으로 기묘한 이야기입니다. 날아가는 비행기의 뒤쪽 화장실에서 조종석을 향해 빛을 발사하고 그것을 좌석에서 측정하면 비행기의 속도만큼 광속이 느리게 측정될 것 같은데 말이죠.

1887년 앨버트 마이컬슨(1852~1931)과 에드워드 몰리(1838~1923)라는 두 연구자도 그런 생각에 실험을 했습니다. 두 사람은 비행기가 아니라 더 빠른 탈 것, 바로 지구를 이용했습니다. 비행기의 속도는 고작해야 초속 수백 미터이지만, 지구가 태양을 도는 속도는 초속 30킬로미터입니다. 하지만 동서를 달리는 빛과 남북을 달리는 빛을 비교해도 광속은 조금도 느려지지 않았습니다. 마이컬슨과 몰리의 정밀한 장치는 지구의 운동에 따른 광속의 차이를 검출하지 못했습니다. 이것은 과학 역사상 유명한 실패 실험입니다.

이 움직이는 관측자에게도 광속은 불변하다는 실험 사실을 통해 아인슈타인이 그 유명한 상대성 이론을 고안하게 됩니다. 이것은 뒤에서 설명하도록 하죠.

속도의 우주기록 보유자, 누가 측정해도 바뀌지 않는 비상식적인 특징을 가진 광속, 그것은 진공 속을 이동할 때이고 공기, 물, 그 밖의 특별한 실험 장치에서는 초속 299,792,458미터보다 느려집니다. 빛을 느리게 하는 일에 성공한 연구자들은 나트륨 가스를 초저온으로 냉각해 '보스·아인슈타인 응축'을 시킨 다음 여기에 레이저 펄스를 쏘았습니다. 그러자 빛과 원자가 특수한 양자계를 구성하고, 펄스가 초속 17미터, 즉 시속 60킬로미터라는 저속으로 가스를 통과하는 것이 관측되었습니다(Hau, Harris, et al. 1999, 《네이처》 vol. 397, 594).

이 기술은 더욱 발전해 현재는 빛을 정지시키는 경지까지 도달했습니다.

4장

역학 편

갈릴레오나 뉴턴이 이룩한 역학은 근대 과학의 원점입니다.
사이언스 조크도 아마 17세기, 난해한 수학을 이용한
새로운 역학 강의를 들은 대학생들이 만들었을 것입니다.
4장에서는 300년의 역사를 지닌
유서 깊은 사이언스 조크를 즐겨주십시오.

$$F = G\frac{Mm}{r^2}$$

반밖에 안 된다

어느 날 물리학 전공생이 길을 걷다가 빌딩에서 떨어진 벽돌에 머리를 맞았다. 학생은 쓰러졌지만, 이윽고 일어나서는 웃었다.

지나가던 사람이 걱정되어 말을 걸었다.
"괜찮아요? 뭐가 그리 웃긴가요?"

학생이 대답했다.
"저는 운이 좋았어요. 운동 에너지는 질량 곱하기 속도 제곱의 절반밖에 안 되니까요."

Science Joke 25
해설

운동 에너지

에너지라는 말은 평소에도 자주 사용됩니다. 스포츠음료는 우리 몸에 에너지를 공급하고, 에너지 문제는 전 세계적 걱정거리이고, 요즘 젊은이들은 예전과 달리 에너지가 없고, 정치가들은 과하게 에너지가 넘칩니다.

그렇다면 에너지는 대체 무엇일까요? 말문이 막히는 질문이라고요?

물리학에서 에너지란 물체를 밀어서 움직이는 능력을 의미합니다. 예를 들어 달리는 자동차가 다른 자동차에 부딪치면 그것을 밀어 움직이게 할 것입니다. 즉 달리는 자동차는 운동 에너지를 가집니다. 전지를 모터에 연결하면 모터는 열차를 움직이므로 전지는 전기 에너지를 가집니다. 당은 우리 몸속에서 화학 반응을 일으켜 근육을 수축시키는 화학 물질을 만들고, 근육은 숟가락이나 장기말이나 이 책의 페이지를 움직입니다. 따라서 당은 화학 에너지를 가집니다.

젊은이가 잃은 에너지나 정치가의 연설에 가득 담긴 에너지는 죄송하지만 물리학으로 설명하기 어려울 것 같습니다.

낙하하는 벽돌이나 달리는 자동차는 운동 에너지를 가집니다. 그것은 벽돌이 머리에 맞았을 경우나 충돌 사고의 예를 보면 명확합니다. 운동 에너지는 $\frac{1}{2}$×질량×속도^{2}으로 나타낼 수 있습니다. 벽돌에 맞은 '운 좋은' 학생의 말처럼 '질량 곱하기 속도 제곱의 반'입니다.

벽돌이나 자동차의 무게, 즉 질량이 클수록 충돌 피해는 커집니다. 즉 운동 에너지는 질량에 비례합니다. 또 속도가 클수록 부딪힌 물체는 강하게 밀립니다. 다만 운동 에너지는 속도에 비례하지 않고 속도의 제곱에 비례합니다. 시속 20킬로미터로 달리던 자동차의 사고는 시속 10킬로미터로 달리던 자동차에 비해 피해가 네 배 크다는 계산입니다. 속도를 너무 내면 위험합니다.

$\frac{1}{2}$이라는 계수는 어디서 왔는가 하면, 운동 에너지는 운동량(질량×속도)을 속도로 적분한 것이기 때문입니다. 여기서는 이런 식으로 정의해두면 운동 방정식을 계산하는 데 편하기 때문이라고 해두죠.

여담이지만, 운동 에너지를 질량×속도^{2}이라고 정의해서 역학을 모순 없이 구축하는 것은 가능합니다. 물론 그렇게 해도 벽돌에 맞은 학생의 통증에는 변함이 없겠죠.

머피 판
뉴턴의 운동 법칙

제1법칙 | 정지한 물체는 반드시 잘못된 장소에 놓여 있다.

제2법칙 | 운동하고 있는 물체는 반드시 잘못된 방향으로 향한다.

제3법칙 | 어떤 행위에도 크기는 동일하고 방향이 반대인 비판이 동반된다.

Science Joke 26
해설

뉴턴의 운동 법칙

뉴턴의 운동 법칙이란 영국의 천재 과학자 아이작 뉴턴이 밝힌 역학의 세 가지 기본 원칙입니다.

제1법칙 | 정지한 물체는 외부 힘이 작용하지 않는 한 언제까지고 정지한 상태이다. 운동하는 물체는 외부 힘이 작용하지 않는 한 등속직선운동을 계속한다.
제2법칙 | 물체에 외부 힘이 작용하면 힘의 크기에 비례하고, 질량에 반비례하는 가속도가 발생한다.
제3법칙 | 힘은 방향이 반대이고 크기가 동일한 반작용을 동반한다.

이 엄청나게 간단한 세 가지 법칙으로 뉴턴 역학의 거의 모든 것을 끌어낼 수 있습니다(여기에 만유인력의 법칙까지 더하면 완전한 뉴턴 역학입니다). 천체의 궤도를 예측하는 것도, 로켓을 발사하는 것도, 엔진을 설계하는 것도, 지진을 버텨내는 빌딩을 세우고 다리를 건설하는 것도, 대포를 쏘는 것도, 게임이나 CG

속 움직임을 계산하는 것도, 모두 이 세 가지 법칙에 기반했다고 할 수 있습니다.

현대사회는 뉴턴의 법칙을 빼놓고는 성립하지 않습니다. 그 정도로 중요한 법칙입니다.

제1법칙은 '관성의 법칙'이라고도 불립니다. 우리가 굴린 공이 얼마 후에 멈추는 까닭은 바닥이나 공기와의 마찰 때문입니다. 움직이는 물체는 관성의 법칙에 따라 마찰이 없을 경우 언제까지고 멈추지 않습니다.

제2법칙은 운동 방정식 형태로도 나타낼 수 있습니다. 이 식을 적분하거나 미분해서 물체의 궤도를 계산하는 것입니다. 더불어 미분과 적분이라는 수학 기술도 뉴턴(과 라이프니츠)이 발명했습니다.

제3법칙은 '작용·반작용의 법칙'이라고 불립니다. 여러분이 어떤 물건을 밀 때 물건도 여러분을 정확하게 같은 힘으로 밀어내는데, 이를 반작용이라고 합니다.

한편 머피의 법칙이란 미국 공군 대위인 항공엔지니어 에드워드 A. 머피 주니어(1918~1990)가 말했다고 하는 경험 법칙입니다.

머피의 법칙 | 실패할 가능성이 있는 일은 반드시 실패한다.

이 법칙을 밝히는 데 뉴턴처럼 천재일 필요는 없습니다. 말해놓고 보면 왠지 그럴듯해 보이는 말입니다. 머피 전에도 이런 말을 한 사람은 있었겠지만, 지금은 완전히 머피가 한 말로 알려져 있습니다.

실수를 인정하는 데 늦고 빠름은 없다

고다드 교수는 작용과 반작용의 관계를 모른다. 반작용을 발생시키려면 진공에서도 무언가 밀 대상이 필요하다. 교수는 고등학교에서 누구나 배우는 상식이 부족한 모양이다.

—《뉴욕타임스》, 1921년 1월 13일자

정정: 로켓이 대기에서와 마찬가지로 진공에서도 작동할 수 있다는 것을 확실히 보여주었다.《뉴욕타임스》는 실수를 인정하며 정정한다.

—《뉴욕타임스》, 1969년 7월 17일자

로켓의 원리: 반작용

본문의 《뉴욕타임스》 사설은 농담이나 창작이 아니라 실제로 신문에 실린 것입니다.

미국 물리학자 로버트 허칭스 고다드(1882~1945)는 우주비행을 꿈꾸며 로켓을 연구해 '로켓의 아버지'라 불렸습니다. 다만 이 분야에는 '우주여행의 아버지'라 불리는 러시아인 콘스탄틴 치올콥스키(1857~1935), V2 로켓 개발에도 관여한 독일인 헤르만 오베르트(1894~1989), V2 로켓뿐만 아니라 아폴로 계획까지 이끈 독일계 미국인 베르너 폰 브라운(1912~1977), '일본 로켓의 아버지' 이토카와 히데오(1912~1999) 등 약간만 찾아보더라도 수많은 아버지가 나옵니다. 각자 지지 기반이 탄탄해서 로켓의 아버지가 누구인지 단 한 명을 꼽기는 쉽지 않습니다.

일단 고다드는 세계에서 처음으로 액체연료를 이용한 로켓을 개발해 발사했습니다. 고다드는 약 30대의 로켓을 제작, 최고속도 250m/s 달성, 고도 2,000미터를 넘겼습니다. 하지만 우주 비행이라는 목표가 현실적이지 않다며 때때로 심하게 비판을 받기도 했습니다.

《뉴욕타임스》는 1921년 1월 13일자 사설에서 "스미스소니언 연구소에서 원조를 받고 있는 고다드 교수"는 "고등학교에서 누구나 배우는 상식이 부족한 모양이다"라고 비난하며, 로켓은 진공에서 날 수 없다고 주장했습니다.

물론 《뉴욕타임스》의 주장은 명백한 잘못으로, 로켓은 진공에서도 어렵지 않게 날 수 있습니다. 가스를 후방으로 분출하면 로켓은 반작용 때문에 앞으로 밀려납니다. 뉴턴의 운동 법칙 중 '작용·반작용의 법칙' 그 자체입니다. 대체 어떻게 해야 이 사설처럼 완전히 잘못된 내용을 당당히 적을 수 있는지 이해할 수가 없네요. 뉴턴도 무덤에서 자신이 발표한 내용을 300년 후에도 아직 이해를 못했다며 탄식했을 것입니다.

고다드가 한 연구는 미국에서는 비웃음을 샀지만, 대서양 너머 유럽의 독일은 진지하게 받아들였습니다. 나치 독일의 로켓의 아버지들은 고다드의 연구를 V2 로켓으로 실용화해 런던을 목표로 발사했습니다. 연합국은 간담이 서늘해졌습니다. 런던은 다행히 V2 공격을 버텨냈고 로켓을 발사했던 나치 독일은 패배했습니다.

미국은 나치 독일의 로켓의 아버지 폰 브라운을 개발팀째 (전쟁 책임을 묻지도 않고) 받아들였습니다. 고다드를 비웃었던 미국은 폰 브라운 박사 팀의 가치를 역시나 잘 몰랐는지, 얼마간은 중요한 일을 맡기지 않았던 것 같습니다. 그래도 폰 브라운 박사 팀은 열심히 미사일 연구를 했습니다.

1957년에 구소련 로켓의 아버지들이 최초의 인공위성 스푸트니크 1호를 쏘아 올려 지구 주위를 돌게 하니, 또다시 간담이 서늘해진 미국이 우주 개발에 엄청난 힘을 쏟습니다. 다음 해에는 NASA가 조직되고 폰 브라운도 발탁되어 거대 로켓 개발의 지휘를 맡습니다.

그 후 로켓 기술의 엄청난 발전상은 여러분이 익히 알고 있는 대로입니다. 1969년 7월 16일에 쏘아 올린 NASA의 거대 로켓은 드디어 인류를 달에 보냈습니다. 고다드가 시작한 로켓 개발은 이 시점에 이르러 하나의 정점에 도달했다고 할 수 있습니다.

그리고 1969년 7월 17일, 아폴로 11호를 쏘아 올린 다음 날, 《뉴욕타임스》는 48년 전 고다드에 대한 비판 기사를 정정합니다. 아마도 48년 전 기사와 달리 유머감각 있는 기자가 작성한 것 같습니다.

그렇다면
난로 앞은 블랙홀?

겨울이면 이불 속에서 나올 수 없는 이유가 드디어 밝혀지다!

독일 막스 플랑크 연구소의 연구팀은 겨울이 되면 지구 중력이 증가한다는 사실을 발견했다. 빨리 이불에서 나오라고 누가 말하면 이제 나갈 수 없는 과학적 근거를 대자.

속보

"겨울에 중력이 늘어난다"는 보고는 그 측정에 실수가 있었다는 사실이 판명되었다. 막스 플랑크 연구소에서는 겨울이 되면 지하실에 난방용 석탄을 대량으로 저장하는데 이것이 측정 실험에 영향을 끼쳤다는 사실이 밝혀진 것이다. 연구자는 기자회견장에서 졸려서 실수가 있었다고 변명하고, 하품을 하고는 조속히 회견을 마무리했다.

— 마시아스 울리히스

Science Joke 28
해설

중력

뉴턴은 만유인력의 법칙을 발견했습니다. 전해내려온 이야기에 따르면 나무에서 떨어지는 사과를 보고, 사과는 떨어지는데 왜 달은 떨어지지 않는지 고민했다고 합니다. 그리고 뉴턴의 머릿속에 떠오른 생각은 사과도 달도 땅도 태양도 당신도 나도 이불도 석탄도 만물이 서로 눈에 보이지 않는 힘으로 끌어당긴다는 바로 그 '만유인력의 법칙'입니다.

이 법칙은 몇 가지 지점에서 당시의 상식을 뛰어넘는 혁명적인 사상이었습니다. 먼저 지구뿐 아니라 모든 물체가 모든 물체에 인력을 미친다는 점이 '비상식적'이었습니다. 지구 같은 특별한 물체가 인력을 갖고 있다는 것은 당시 사람들도 납득할 수 있었지만, 뉴턴은 사과나 이불이나 인체까지도 인력을 가졌다고 한 것입니다. 다만 사과나 인체는 지구에 비해 질량이 적으므로 그 인력은 느끼지 못할 정도로 미약합니다. 만유인력은 인력을 미치는 물체의 질량에 비례합니다.

더구나 그 힘을 받은 사과와 달은 같은 법칙에 따라 운동한다고 하니 뉴턴 역학은 '평등사상'에 기초한 듯하네요.

일직선으로 땅으로 낙하하는 사과와 지구 주위를 도는 달은 언뜻 다른 운동을 하는 것 같지만, 사실 사과와 달의 운동은 같습니다. 바로 지구를 도는 타원 궤도 운동입니다. 만약 사과의 낙하가 땅 위에서 멈추는 게 아니라 땅속까지 파고든다고 했을 때 그 움직임을 추적하면, 지구 중심을 스쳐 지구 뒤편에서 다시 튀어나오는 가늘고 긴 타원형을 그린다는 사실을 알게 될 것입니다.

뉴턴 역학은 달과 사과와 당신과 나와 이불과 석탄을 모두 평등하게 다룹니다. 모든 것이 인력의 원천이자 모든 것이 같은 법칙에 따라 운동한다고 주장하는 상당히 급진적 사상이었습니다.

우리의 몸을 이불 속에 잡아두는 지구의 중력 말인데요. 이것은 사실 장소에 따라 조금 달라집니다. 중력을 바꾸는 가장 큰 원인은 지구의 자전입니다. 북극이나 남극에 있는 사람에게 자전은 거의 관계가 없으나, 적도에 있는 사람에게는 원심력이 중력을 약화시키는 방향으로 움직입니다. 이 때문에 적도에서는 중력이 0.5퍼센트 정도 약합니다.

지면 아래에 무언가가 묻혀 있어도 중력은 다른 곳과 달라집니다. 밀도가 높은 지층, 밀도가 높은 맨틀, 또는 금속 등이 묻혀 있으면 그 장소의 중력이 아주 조금 세집니다. 또 밀도가 낮은 것, 즉 밀도가 낮은 지층, 석유가 묻힌 곳, 용암이 뿜어져나와 비어 있는 지층 위에서는 다른 곳보다 중력이 약해집니다. 이 사실을 이용해서 지하자원 탐사가 이루어지고 있습니다.

실험실 지하에 석탄이 있을 때 중력을 측정하면 평소보다 세질까요? 현재 아무리 예민한 측정 장치라도 그 차이를 검출하지는 못할 것입니다. 만약 검출되었다면 졸다가 기계를 잘못 만졌는지부터 확인하는 편이 나을 것입니다.

또한 이불에서 나갈 수 없다면 중력이 아니라 다른 것에서 원인을 찾는 게 낫겠죠?

사과가 떨어져 있는 것은 어째서?

뉴턴의 머릿속에 '양자중력 이론'이 떠올랐다.
하지만 그때 사과가 머리에 떨어졌고 생각했던 것을
잊어버린 뉴턴은 처음부터 다시 시작해야 했다.
— 라이프 윌버그

Science Joke 29
해설

새로운 중력 이론

천재 뉴턴이 300년 전에 떨어진 사과를 보고 떠올린 만유인력의 법칙은 천체의 운동을 상당히 정밀하게 예측하는 뛰어난 물리학 이론이었습니다. 사람들을 그것을 사용해 행성이나 달이나 혜성의 궤도를 계산했습니다.

하지만 태양과 가장 가까운 행성인 수성의 궤도는 어째서인지 만유인력의 법칙에서 다소 어긋나 있었습니다. 뉴턴 역학에 따르면 수성은 타원 궤도를 그리는데, 그렇게 하면 수성은 태양에서 조금 멀어지거나 조금 가까워지거나 했습니다. 여기까지는 예언대로였지만, 태양에 가장 접근하는 궤도상의 점인 근일점이 태양 주위를 수성이 돌 때마다 점점 어긋났던 것입니다.

천문학자들은 고개를 갸웃거리며 다시 계산하거나 망원경 렌즈를 닦거나 했는데 수수께끼는 풀리지 않았습니다. 다른 행성은 모두 만유인력의 법칙을 그대로 따르는 탓에 만유인력의 법칙에 문제가 있다고는 과학자들도 생각하지 못했습니다.

그런데 이 수성의 사소한 일탈이 사실은 모든 사람이 인정하는 만유인력의 법칙의 한계를 나타냈음을 알아차린 천재가 있었습니다. 바로 알베르트 아인슈타인입니다.

아인슈타인은 일반상대성 이론이라는 완전히 새로운 중력 이론으로 수성의 수수께끼를 풀었습니다. 일반상대성 이론은 고도의 수학을 이용한 난해한 이론입니다만, 그것이 말하고자 하는 것은 다음과 같습니다.

시간은 어디서나 일정하게 흐르지 않고 질량 가까이에서는 천천히 흐릅니다. 또 공간은 어디서나 동일하게 펼쳐지지 않고 질량 근처에서는 늘어납니다. 이런 식으로 시간과 공간에 굴곡이 생겨 그곳을 가로지르는 물체나 천체의 궤도는 휘게 됩니다. 아인슈타인은 이것이 중력에 따라 물체가 운동하는 것이라고 말했습니다. 중력의 정체는 시간과 공간의 굴곡이었던 것입니다.

그때까지의 세계관을 근본에서 뒤집는 이 새로운 중력 이론은 수성의 근일점도, 중력에 의한 광선의 휨도, 이어 발견된 우주가 팽창한다는 관측 사실도 모두 훌륭히 설명합니다. 천재 아인슈타인은 세상을 놀라게 했습니다.

발표로부터 200년 후에 수정된 만유인력 이론입니다만, 수정이 한 번 더 필요하다고 생각하는 연구자가 꽤 많습니다. 사실 일반상대성 이론은 발표 때부터 또 하나의 물리학 이론인 양자역학 이론과 충돌한다는 사실이 알려져 있었습니다. 아인슈타인도 그 사실을 신경 썼는데 살아 있는 동안 해결책을 발견하지 못했습니다. 이후 아무도 해결하지 못하고 100년이 지났습니다.

중력 이론의 수정판은 아직 아무도 발견하지 못했습니다만, 일단 그 이름은 정해졌습니다. '양자중력 이론'입니다. 일반상대성 이론과 양자역학을 통합한 새로운 이론이 될 거라고 다들 기대 중입니다.

양자중력 이론이 완성되면 현재의 중력 이론으로는 해결할 수 없었던 문제, 예를 들어 우주가 어떻게 시작되었는지, 블랙홀의 중심이 어떻게 되어 있는지, 마이크로 사이즈일 경우 중력이 어떻게 작용하는지와 같은 의문에 해답이 될 것입니다. 물론 정말로 그렇게 될지 어떨지는 알 수 없지만 말입니다.

만약 천재 뉴턴이 이 사실을 알았다면 양자중력 이론을 완성했을지도 모릅니다. 머리에 사과만 맞지 않으면 말이죠.

우주비행사의 무거운 신발

6~7년 전의 일이다. 나는 위스콘신 대학교 매디슨 캠퍼스에서 철학 수업을 들었다. 조교수가 데카르트를 가르쳤다.

조교수는 세상일은 반드시 생각대로 되지 않는다고 말했다. 예를 들어 지구에서는 펜을 떨어뜨리면 지면으로 낙하하지만, 달에서는 손에서 놓친 펜이 어딘가로 날아간다고 말했다.

나는 어이가 없어 입을 떡 벌렸다. "뭐라고요?"

교실을 둘러보았지만, 나처럼 당황한 사람은 내 친구와 다른 한 학생뿐이었다. 나머지 열일곱 명은 이 사람이 왜 놀란 걸까 어리둥절했다.

나는 항의했다.

"달에서 펜을 떨어뜨리면 지면으로 낙하합니다. 천천히 떨어지기는 하지만."

조교수가 침착하게 말했다.

"아니, 낙하하지 않습니다. 지구의 중력에서 멀리 떨어져 있으니까."

나는 반론했다.

"아폴로의 우주비행사가 달에서 걷는 모습을 보지 않았나요? 그럼 그 사람들은 왜 어딘가로 날아가지 않았나요?"

조교수가 엄청나게 논리적인 사실을 말하는 듯 대답했다.

"무거운 신발을 신고 있었기 때문이죠."

— 인간 뉴트리노 린다 하딘

Science Joke 30
해설

달의 중력

안타깝게도 이것은 지어낸 이야기가 아니라 실화인 것 같습니다. 설명할 필요도 없다고 믿고 싶지만, 달에서 펜을 놓으면 달의 중력에 끌려 땅으로 낙하합니다. 달의 중력가속도는 지구 표면의 중력가속도의 6분의 1이므로 낙하 속도가 느리지만 어딘가로 둥실둥실 떠가거나 하지는 않습니다.

달에 내린 아폴로 11호의 우주비행사는 달의 낮은 중력 속에서 성큼성큼 걷지 않고 깡충깡충 뛰듯이 이동했습니다. 달의 약한 중력에서 걸으면 어떻게 되는지 우주비행사가 직접 보여주기 전까지는 사실 연구자들도 자세히 알지 못했습니다. 그래서 달에서의 중계를 보고 "장난치는 거냐!" 하고 말한 연구자도 있었다고 합니다.

예를 들어 1968년(달 착륙 전해)의 영화 〈2001: 스페이스 오디세이〉는 치밀한 과학 고증으로 유명하지만, 사람이 달에서 성큼성큼 걸어가는 장면이 나옵니다. 아무리 스탠리 큐브릭 감독이라 해도 낮은 중력에서는 깡충깡충 뛰어야 한다는 사실까지는 예측 못했던 것 같습니다.

우주비행사가 무거운 신발을 신든 안 신든 달에서 둥실둥실 표류하거나 하지 않습니다. 신발의 무게와 상관없이 깡충깡충 뛰어서 이동하게 됩니다.

이 농담(?)에는 후일담이 있습니다. 하딘 씨는 이런 일을 겪고 위스콘신 대학교 학생들에게 설문조사를 했습니다.

Q : 달에서 펜을 놓으면 어떻게 될까요?

이 질문에 제대로 대답한 사람은 반 정도였습니다.

어디로 날아간다고 대답한 사람들에게 다시 물었습니다.

Q : 그럼 달에서 우주비행사가 표류하지 않은 이유는 무엇일까요?

그중 절반이 “무거운 신발을 신었기 때문”이라고 답했다고 합니다.

비밀병기

고등학교 물리 시간에 표면장력을 배울 때의 일이다. 선생님이 면도날을 물 위에 살짝 띄웠다. 그곳에 세제 한 방울을 떨어뜨리니 면도날이 순식간에 가라앉았다. 감명을 받은 나는 표면장력이 전함처럼 커다란 물체에도 작용하는지 물었다.

선생님께서 대답했다.
"물론이지. 그렇기 때문에 배가 물 위에 떠 있는 거야."

놀란 우리에게 선생님은 다음과 같은 일화를 들려주었다.
"나도 너희 나이였을 때 친구들과 밤에 호수에 가서 비누를 던졌는데, 다음 날 아침 모든 보트가 호수 아래에 가라앉아 있었단다."

모두가 웃었다.

— 러스티 볼랭저

Science Joke 31
해설

표면장력

표면장력은 어렸을 때 이미 배웠을 것입니다. 수면이 컵 테두리보다 더 올라오거나, 동전이나 면도날이 수면에 떠 있거나 하는 마술 같은 일을 가능하게 하는 물리 현상입니다.

그다음 일은 시험해보지 않은 사람들도 있을 것입니다. 컵 테두리보다 더 떠오른 수면에 세제 한 방울을 떨어뜨리면 물이 넘칩니다. 또 동전이나 면도날이 떠 있는 물 위에 세제를 떨어뜨려도 동전이나 면도날이 가라앉습니다. 세제에 포함되어 있는 계면활성제가 표면장력을 약화시키기 때문입니다.

아이들과 함께 이 실험을 하면 교육적 효과가 상당히 좋을 텐데, 본문의 선생님은 그다지 교육적이지 않은 사족을 붙이고 말았네요.

배는 표면장력이 아니라 아르키메데스의 원리에 의해 물 위에 뜹니다.

아르키메데스의 원리 | 수중의 물체는 (전체가 물에 잠겨 있어도,

일부분만 잠겨 있어도 상관없다) 그 물체가 밀어낸 물의 무게만큼 부력을 얻는다.

배는 반드시 어느 정도 물에 가라앉아 있습니다. 그 수면 아래의 체적과 동등한 물의 무게만큼 물에서 부력을 얻어 물 위에 뜹니다. 보트여도 전함이어도 원리는 같습니다. 부력과 표면장력은 아무런 관계가 없습니다. 배는 표면장력이 약한 비눗물에도 뜨니까요.

호수에 비누를 던져 보트를 가라앉혔다는 선생님이 어떤 의도로 그런 이야기를 했는지는 알 수 없습니다. 혹은 소년이 잘못 기억했을 수도 있습니다. 볼랭저 씨는 훗날 선생님의 이야기가 잘못되었다는 사실을 깨달은 모양입니다. 제 경험에 따르면 선생님의 실수를 학생이 깨달으면 교육 효과가 아주 뛰어납니다. 볼랭저 씨는 현재 표면장력과 아르키메데스의 원리를 올바르게 이해하고 있을 것이 분명합니다.

5장

상대성 이론
·
우주
·
천문 편

아인슈타인의 상대성 이론 편입니다.
상대성 이론은 산업에 넓고 깊게 응용되는 양자역학과는 대조적으로
멀리 우주의 천체 현상이나 폭발 현상, 인간의 손이 미치지 않는
천문학 등 실용성이 낮은 연구에 응용되고 있습니다.
현실과 동떨어진 듯해서 자주 농담의 대상이 되기도 합니다.
상식을 뒤엎은 상대성 이론과 아인슈타인의 특이한 성격도
농담 작가들에게 많은 영감을 주었습니다.

아인슈타인 등장

자연과 자연법칙은 밤의 어둠에 가려져 있었다.

신이 말했다.

"뉴턴이 있으라!"

그리고 모든 것이 밝혀졌다.

— 알렉산더 포프

하지만 오랫동안 이어지지는 않았다.

악마가 외쳤다.

"아인슈타인이 있으라!"

그리고 모든 것이 혼돈으로 돌아갔다.

— 존 스콰이어

Science Joke 32
해설

아인슈타인의 기적의 해

4장 '역학 편'에서도 설명했지만, 위대한 뉴턴이 창시한 뉴턴 역학은 근대 과학의 금자탑입니다. 사과와 천체가 같은 법칙을 따르고 있다는 뉴턴 역학에 사람들은 깜짝 놀랐으며, 아주 간단한 법칙을 통해 물체나 천체의 운동을 정확히 계산해내니 감탄했습니다.

뉴턴 역학이 그리는 우주는 규칙에 따라 움직이는 시계 같았습니다. 근대 유럽인들은 너무 놀란 나머지 우주의 과거도 미래도 계산이 가능하다고 믿었습니다. 뉴턴 역학을 원리주의적으로 믿는 이러한 사상을 '기계론적 자연관'이라고 부릅니다.

국내외에서 존경받은 뉴턴은 1727년 여든네 살의 나이로 사망합니다. 장례식에는 왕후귀족의 장례식 때처럼 수많은 사람이 참석했다고 볼테르가 『철학 서간』에 적기도 했습니다.

이 농담(은 아니지만)의 앞부분은 시인인 알렉산더 포프가 뉴턴의 묘비명으로 썼다는 글입니다(실제 묘비명으로 새기지는 않았다고 합니다). 뉴턴의 업적과 사람들의 경의를 표현한 시입니다. 장난기가 다분한 후반부는 전반부의 200년 후에 쓰인 패러디입니다. 지은이는 영국의 시인이자 작가이자 역사가인 스콰이어입니다.

아인슈타인이 거의 독자적으로 만든 상대성 이론에 따르면 광속에 가까운 속도로 날아가는 로켓의 길이는 줄고, 시계는 늦어지거나 빨라지고, 질량은 늘어난다고 합니다. 중력을 갖는 천체 근처에서 우주공간은 줄고, 시간은 늘어납니다. 상대성 이론에 따라서 우주는 비상식적이고 혼돈 같은 장소로 변해버렸습니다. 뉴턴 역학이 그려낸 규칙 바른 시계 같은 우주는 사라졌습니다(기계론적 자연관이 폐기된 것은 상대성 이론 때문이 아닙니다).

또한 아인슈타인은 양자역학 창시자 중 한 명이기도 합니다. 아인슈타인은 당시 파장이라고 여겼던 빛이 입자의 성질도 가졌다는 사실을 지적했습니다. 이 파동과 입자의 이중성 아이디어 '광양자 가설'이 마이크로 입자의 성질을 이해하는 데 도움을 주어 양자역학이 탄생했습니다. 더불어 광양자 가설은 아인슈타인에게 노벨상을 가져다주었습니다. 상대성 이론으로 유명한 아인슈타인입니다만, 노벨상은 양자역학에 대한 공적으로 수상했습니다.

마이크로 세계의 법칙인 양자역학이 일상적인 감각과 얼마나 떨어져 있는지는 앞에서 농담으로 접한 대로입니다. 양자역학 또한 직관적이고 정돈된 뉴턴 역학적 세계관을 뒤엎는 데 공헌했습니다.

놀랍게도 특수상대성 이론 논문과 광양자 가설 논문은 스물여섯 살의 아인슈타인이 다른 중요한 논문과 함께 1905년 단 1년간 발표한 것입니다. 이 해는 과학 역사상 '기적의 해'라고 불립니다. 이렇게까지 초인적인 활약을 하면 악마가 소환한 천재가 아닌가 하는 생각까지 듭니다.

보스턴의 속도를 v라고 한다

한 학생이 열차 안에서 아인슈타인에게 물었다.

"선생님, 보스턴은 이 열차를 향해 달려오나요?"

Science Joke 33
해설

상대성 원리

아인슈타인이 1905년에 발표한 '특수상대성 이론'과 그 10년 후에 발표한 '일반상대성 이론'을 합쳐 '상대성 이론', 줄여서 '상대론'이라고 합니다.

일반상대성 이론은 중력 이론입니다. 미분기하학, 텐서 해석 같은 수학을 구사하는 난이도 높은 이론입니다. 특수상대성 이론은 중력을 다루지 않습니다. 로켓이나 열차 같은 것을 다룹니다. 사용되는 수학도 고등학교 수준입니다. 특수상대성 이론은 '상대성 원리'라는 기본 원리를 통해 광속에 가까운 속도의 로켓이나 열차의 시간이 어긋나거나, 길이가 줄거나 하는 상식에 어긋나는 결론을 끌어냅니다.

상대성 원리는 다음과 같이 말할 수 있습니다.

상대성 원리 | (가속도 감속도 하지 않는 일정 속도로) 움직이는 실험실에서도 같은 물리 법칙이 성립한다.

가속도 감속도 하지 않는 일정 속도로 움직인다. 즉 등속직선 운동을 하는 열차 안 실험실에서 물리 실험을 하면, 그 어떤 곳에서나 멈춘 상태의 땅 위 실험실과 같은 결과를 얻을 수 있다는 것이 상대성 원리입니다.

물리 실험이라고 해도 특수한 실험 장치를 사용하는 것에 한정되지 않습니다. 보거나 듣거나 만지거나 하는 것들도 물리 법칙에 따르는 것이라면 물리 실험이라고 볼 수 있으므로, 열차 안에서 일상생활을 보내는 것만으로도 상대성 원리를 확인할 수 있습니다. 열차 안에서도 땅 위와 마찬가지로 생활할 수 있다는 것이 상대성 원리입니다.

엄밀히 말하자면 열차나 땅 위 실험실은 중력의 영향을 받으므로, 상대성 원리를 제대로 확인하려면 실험 결과에서 중력의 영향을 배제해야 합니다.

그럼 열차 안에서도 땅 위에서도 같은 실험을 하면 같은 결과를 얻을 수 있다는 사실은 열차 안의 사람이 이것저것 실험을 해도 열차가 움직이고 있는지 아닌지를 알 수 없다는 말입니다. 이상하게 들릴지도 모릅니다. 실제 열차 안은 덜컹덜컹 움직이는 데다 바깥의 경치가 바뀌기 때문에 승객은 열차가 움직이고 있다는 사실을 압니다.

열차가 흔들리는 것은 작은 가속이나 감속 때문입니다. 열차가 흔들리지 않는 조건에서 등속직선 운동을 하면, 그 안의 승객은 열차가 움직이는지 멈춰 있는지 알 수 없습니다. 바깥 경치를 봐야 열차의 움직임을 알 수 있습니다.

상대성 원리는 아무리 열차 안에서 실험을 해도 바깥 경치를 보지 않으면 열차의 운동을 알 수 없다는 사실을 의미합니다. 바깥 경치와 비교해야만 운동의 유무를 알 수 있다는 것을 '운동은 상대적이다'라고 표현합니다. 그래서 상대성 원리는 다음과 같이 말할 수 있습니다.

상대성 원리의 다른 표현 | (가속도 감속도 하지 않는 일정 속도의) 운동은 상대적이다.

열차의 운동 유무를 판단하려면 차창 밖의 무언가, 예를 들어 보스턴 같은 도시와 비교해야 합니다. 보스턴 외의 물체, 예를 들어 로켓이나 화성이나 태양 같은 것과 비교하면 다른 속도로 다른 방향으로 운동하고 있다고 판단하게 됩니다. 그리고 어떤 판단이 가장 올바른지 알 수 없습니다. 운동은 상대적이며, 비교하는 대상에 따라 달라집니다.

이것은 보스턴의 입장에서도 마찬가지입니다. 정지한 보스턴은 뉴욕이나 워싱턴 DC와 비교했을 경우이지, 로켓이나 화성이나 태양에서 보면 엄청난 속도로 운동하는 것으로 보입니다. 이것을 열차와 보스턴에 대입하면, 열차가 정지해 있는데 보스턴이 열차를 향해 시속 100킬로미터로 다가오는 것이 됩니다.

상대성 이론 해설서나 입문서에는 열차가 자주 등장합니다. 아인슈타인이 직접 쓴 해설서 『상대성의 특수이론과 일반이론』이 그 시작인 듯합니다. 대학 교과서에는 열차 이야기가 많지 않지만 그래도 가끔 등장합니다. 그런 입문서나 교과서로 상대성 이론을 공부한 나머지 머릿속이 열차나 엘리베이터로 가득 차, 끝내는 달리는 것이 열차인지 보스턴인지 구별이 되지 않게 되면, 상대론적 사고를 갖췄다고 할 수 있을 것입니다.

사랑의 상대성 이론

예쁜 아가씨에게 작업을 걸 때,
한 시간은 1초처럼 느껴진다.

뜨거운 석탄재 위에 앉아 있을 때,
1초는 한 시간처럼 느껴진다.

이것이 상대성이다.

— 알베르트 아인슈타인

Science Joke 34
해설

빛의 지연

특수상대성 이론은 상대성 원리와 '광속불변의 원리'에 기초하여 로켓이나 열차의 길이가 줄거나 시간이 천천히 간다는 비상식적 결론을 도출합니다.

광속불변의 원리는 다음과 같습니다.

광속불변의 원리 | 관측자가 어떤 운동을 하더라도 광속은 불변한다.

내용 또한 이름 그대로입니다. 이 원리는 사실 상대성 원리에서 도출할 수 있습니다. 상대성 원리에 따르면 등속직선 운동을 하는 열차 안에서도 물리 법칙은 변하지 않습니다. 때문에 (앞에서 이야기한) 맥스웰 방정식이라는 물리 법칙도 변함이 없습니다. 그렇다면 맥스웰 방정식으로 도출되는 광속도 변함이 없습니다. 그래서 열차 안에서 광속을 측정해도 변함이 없다는 사실이 상대성 원리로 도출됩니다.

"특수상대성 원리의 기초가 되는 진정한 원리는 상대성 원리 단 하나"라는 완고한 견해도 가능합니다만, 여기서는 아인슈타인 본인을 포함해 다수가 지지하는 광속불변의 원리도 기본 원리라고 적도록 하겠습니다.

달리는 열차 안에서 측정해도 광속이 변하지 않는다면 과연 무슨 일이 벌어질까요? 열차 안에서 광속을 측정하려면 열차 안에서 빛을 발사하고 일정 거리가 떨어진 열차 안에서 광센서로 측정해 그사이의 시간을 열차 안의 시계로 재면 됩니다. 예를 들어 열차 안에서 빛을 30만 킬로미터 거리만큼 날리면 1초 후에 광센서가 포착합니다.

광속이 불변이라면 빛을 발사한 뒤 포착할 때까지의 시간이 열차가 달리든 멈춰 있든 열차 안의 관측자에게는 변함이 없습니다. 열차가 달리고 있어도 항상 불변의 1초입니다.

하지만 이 측정 실험을 열차 밖에서 보면 어떻게 보일까요? 빛이 발사되고 열차 안의 광센서로 포착할 때까지 열차는 아주 조금이라도 이동합니다. 그래서 빛을 쏘는 경로가 길어집니다(선로 모양에 따라 짧아지는 경로가 있을 수 있지만, 일단 열차가 달리면 길어지는 간단한 경로를 선택하겠습니다). 열차 밖에서 볼 때 빛이 긴 거리를 달리므로 이 시간은 1초보다 길어집니다.

결국 운동하는 열차 안의 관측자가 측정한 1초의 시간은 열차 밖의 관측자가 측정하면 1초보다 길어집니다. 움직이는 관측자의 시간이 느려지는 것입니다. 이것이 상대성 이론이 예언하는 시간 지연입니다. 이 현상은 열차의 속도가 광속과 비슷하지 않으면 눈에 띄지 않습니다. 그런 속도로 달릴 수 있는 열차는 아직 존재하지 않기에 상대론 현상은 눈으로 확인할 수 없습니다.

시간 지연은 이중 실험으로 확인되었습니다. 먼저 운동하는 측정 장치를 이용해 광속을 측정해도 광속이 불변이라는 사실을 상당히 정밀한 실험으로 확인했습니다. 이미 앞에서 소개했지만 최초의 정밀 측정은 1887년에 마이컬슨과 몰리가 한 실험입니다. 광속에 가까운 속도로 운동하면 시간이 느려진다는 효과는 수명이 짧은 입자를 광속에 가까운 속도로 쏘는 가속기 실험이나 입자검출 실험에 의해 확인했습니다. 현재 이 두 실험 모두 상대성 이론을 뒷받침하는 결과가 되었습니다.

아인슈타인은 유쾌하고 농담을 좋아하는 성격이었던 모양인지, 유머러스한 발언이 여럿 남아 있습니다. 본문에 소개한 것은 본인이 직접 말한 상대성 이론에 대한 농담입니다. 세계에서 최초로 상대성 이론 농담을 만든 사람이 아인슈타인일지도 모르겠네요.

워프 항법으로 은하를 넘어라

Q | 초광속 이동이 가능하다고 생각하나요?

A | 물론이지! 크리스털 파워, 텔레파시에 의한 중성자 빔 등등, 현대 과학의 모든 단면을 매주 〈스타트렉〉에서 볼 수 있어. — 스티븐 트리어

A | 초광속은 〈스타트렉〉을 통해 실현되었다고 많은 사람이 대답할 거라 생각하지만, 나는 오히려 진공 속에서 소리가 들리는 기술을 〈스타트렉〉이 어떻게 실현했는지 알고 싶은데. — 카렌 링거

A | 완전히 가능하지! 나는 물리 선생으로서 학생에게 초광속 이동은 불가능하다고 가르치고 있지만, 그것은 단순히 그들을 절망시키기 위해서지. — 라넬 올센

Science Joke 35
해설

광속의 한계

광속은 초속 299,792,458미터, 약 초속 30만 킬로미터, 즉 1초에 지구를 일곱 바퀴 반을 도는 엄청난 속도입니다.

광속의 90퍼센트로 공을 던지는 투수가 있다고 합시다. 약 초속 27만 킬로미터라는 엄청난 강속구입니다.

광속의 90퍼센트로 달리는 열차에 이 투수가 타서 진행 방향을 향해 공을 던지면 어떻게 될까요? 지상에서 관측하면 공은 광속의 180퍼센트, 약 초속 54만 킬로미터로 날아가는 것처럼 보이지 않을까요?

결론부터 말하자면 그런 식으로는 보이지 않습니다. 열차 밖에 정지해 있는 관객에게 이 공은 광속의 99퍼센트, 약 초속 29만 7,000킬로미터로 날아갑니다. 광속에도 조금 못 미칠 정도죠.

광속에 가까운 물체의 속도는 단순히 덧셈으로 계산되지 않습니다. 열차 안의 시간이 지연되는 것과 열차 안의 시간이 장소에 따라 다르기 때문입니다. 투수는 광속의 90퍼센트로 날아가는 자신의 공을 지켜보게 되는데, 이 속도는 투수가 측정했을 경우 광속의 90퍼센트이지만, 공을 창밖에서 관측하면 광속을 뛰어넘을 수 없습니다.

광속을 초월할 수 없다고 하면 인류나 외계인의 우주여행은 초속 30만 킬로미터로 제한됩니다. 우주를 여행하는 달팽이나 마찬가지인 속도입니다. 태양과 가장 가까운 항성인 프록시마 켄타우리까지 왕복하는 데 8년 넘게 걸립니다. 은하계를 한 바퀴 돌려면 몇 십만 년이 걸립니다. 우주여행을 떠났다 돌아오면 지구에서는 이미 몇 세대나 지나 있을 것입니다.

창작하는 데 문제가 있다고 생각한 대다수의 작가들이 초광속 이동 기술을 발명해, 이야기 속 등장인물에게 은하계를 여행하게 합니다. 대개 그 물리학적 과제는 '스페이스 워프'나 '호킹 항법'이나 'FTL 추진' 등 꽤나 그럴듯한 이름을 붙여 해결했습니다.

〈스타트렉〉 같은 대다수의 영화에서는 초광속으로 날아갈 뿐만 아니라, 배우들이 무중력 공간에서 저벅저벅 걷고, 진공에서도 폭발음이 들리거나, 멀리 떨어진 별과 시차 없이 대화를 나눌 수 있습니다. 그러한 슈퍼 테크놀로지에는 아예 이름조차 붙지 않았습니다.

우주 여행에 사람의 수명 이상의 시간이 걸린다는 제약에 대해 그 심리적·사회적·경제적 영향을 진지하게 고찰하면 새로운 미래 사회나 인간 드라마를 창조할 수 있는 재료가 될 것입니다. 하지만 거기까지 깊이 파고 들어간 작가는 좀처럼 없습니다. 대부분의 SF에서는 초광속 추진 기술을 아주 간단히 묘사해서 다른 별까지 쉽게 갑니다. 그리고 등장인물은 다소 특이한 외국 여행 정도의 체험을 할 뿐입니다. 우주문명은 현대 문명의 단순한 확장판에 불과합니다.

이러한 점이 제법 아쉽습니다. 이야기에 맞춰 상대성 이론을 수정하는 것이 아니라, 상대성 이론을 제대로 활용한 이야기를 만드는 작가가 나타나기를 기대합니다.

본문의 설문조사는 《기발한 연구 연감》이 1997년에 실시한 것입니다. 《기발한 연구 연감》은 이그 노벨상을 주최하는 것으로 잘 알려진 유머과학잡지입니다.

우주의 검은 구멍

휠러가 말했다.

“아인슈타인의 일반상대성 이론에서는 강력한 중력으로 빛이든 뭐든 빨아들이는 구멍 같은 물체의 존재를 예언하고 있다. 좋아, 이것을 ‘검은 구멍(블랙홀)’이라고 부르자.”

학생이 말했다.

“휠러 선생님, 그건 좀……. 프랑스어로 ‘검은 구멍(토 누아르)’이라고 하면 외설적 의미인데요.”

휠러가 대답했다.

“바로 그렇기 때문일세. 프랑스인이 논문을 쓰기 힘들어질 테니까.”

Science Joke 36
해설

블랙홀

아인슈타인의 일반상대성 이론은 강력한 중력으로 빛뿐만 아니라 모든 것을 빨아들이는 구멍 같은 '물체'의 존재를 예상하고 있습니다. 블랙홀입니다. 블랙홀에 너무 접근하면 빛조차 탈출할 수 없습니다. 빛도 탈출 불가능한 거리를 '슈바르츠실트 반경'이라고 부릅니다.

슈바르츠실트 반경에서는 블랙홀 특유의 이상 현상이 생깁니다. 예를 들어 공간이 늘어나거나 시간이 천천히 흐릅니다. 공간이 늘어나기 때문에 블랙홀 바깥에서 실을 늘어뜨리면, 아무리 긴 실이라 해도 슈바르츠실트 반경까지 도달하지 않습니다. 슈바르츠실트 반경에 도달하려면 무한히 긴 실이 필요합니다. 또한 블랙홀에 물건을 낙하시키고 바깥에서 관측하면, 그 낙하 속도는 점차 느려져 슈바르트트실트 반경에서 멈춰버리고 맙니다.

이러한 기묘한 성질은 블랙홀을 나타내는 방정식으로 도출됩니다. 블랙홀을 나타내는 방정식은 독일의 천문학자 카를 슈바르츠실트(1873~1916)가 일반상대성 이론 발표 즉시 발견했습니다.

블랙홀은 실제로 우주 어딘가에 떠 있을까요? 아니면 수학의 장난일 뿐 그런 이상한 천체는 실제로 존재하지 않을까요? 연구자들은 오랫동안 열렬히 토론해왔습니다.

핵융합 반응의 열과 빛을 내뿜는 항성은 오랜 세월에 걸쳐 핵연료를 소비한 후 어떻게 될까요? 항성을 내부에서 데우며 가스에 압력을 계속 주었던 핵연료가 고갈되면 어느 질량 이상의 항성은 자신의 중력에 뭉개져버린다는 설을 인도 출신의 천체물리학자 수브라마니안 찬드라세카르(1910~1995)가 제창했습니다. 그러자 이 과격한 설은 많은 연구자의 반감을 샀고 철저히 비판당하고 공격받았습니다. 하지만 그러한 비판이나 반론이 일일이 반증되고 논파된 끝에 찬드라세카르의 설을 부정할 근거가 더 이상 없다고 많은 연구자들이 생각했습니다.

그렇다면 무거운 항성은 핵연료를 다 사용하고 붕괴하여 (초신성 폭발이나 중성자성 등의 과정을 거쳐) 기묘한 수학적 존재인 블랙홀이 될까요? 그 결론에 불안감을 느낀 연구자가 열심히 다른 길을 찾았습니다. 하지만 블랙홀 이외의 운명은 좀처럼 발견되지 않았습니다.

망원경이 기나긴 토론에 결론을 내렸습니다. 블랙홀이 발견된 것입니다. 백조좌 X-1이라고 이름 붙은 천체가 태양의 세 배 이상 질량을 가졌지만 아주 작고 어둡다는 것을 알게 되었습니다. 그럼에도 블랙홀의 존재를 완강히 부정하는 연구자도 있어서 한동안 백조좌 X-1이나 그 동료 천체는 '블랙홀 후보 천체'라는 어중간한 이름으로 불렸습니다. 물론 크고 작은 수백 개의 블랙홀이 발견된 현재에는 후보라고 부르는 사람이 거의 없습니다.

일반상대성 이론의 대가 존 아치볼드 휠러(1911~2008)도 처음에는 블랙홀이라는 개념에 반대했지만, 후에 블랙홀 지지파로 전향했습니다. 슈바르츠실트 풀이를 '블랙홀'이라고 처음 부른 사람이 휠러로, 1967년의 강연에서였습니다(주1). 휠러는 '토 누아르(Trou noir)'에 담긴 의미를 실제로 알고 있었을까요?

또한 휠러는 "블랙홀에는 털이 세 개 있다"고 말했습니다. 블랙홀은 질량, 각운동량, 전하라는 세 개의 물리량만 가지며, 이 세 물리량으로 블랙홀의 성질이 모두 결정되는데, 이를 '털 세 개'라고 표현한 것입니다. 과학업계의 엄격한 선생님들은 블랙홀이라는 말의 성적인 의미에 눈을 감았지만, 털이라는 노골적 표현에는 눈을 감지 못한 모양입니다. 학술지 《피지컬 리뷰》가 휠러의 논문 게재를 차갑게 거절했을 정도이니까요(주2). 하지만 그러한 저항도 허무하게 블랙홀에 털이 세 개 있다는 장난 같은 표현이 인구에 회자되어 현재는 외국 교과서에도 실려 있습니다.

휠러 선생이 무슨 생각으로 '블랙홀'이라고 이름을 붙였는지는 알 수 없지만, '털' 쪽은 아무래도 장난 섞인 의도가 있지 않았을까요?

(* 주1, 주2: 킵 손, 『블랙홀과 시간여행』)

우리 탐사선은 무사한가요?

제트추진연구소의 홀에 붙은 협박장 내용이다.

"댁의 위성은 내가 잘 맡아두었다. 돌려받고 싶으면 200억 화성달러를 준비하라. 이상한 짓을 하면 두 번 다시 네 위성과 만날 수 없다."

— 해리 랑겐배커

Science Joke 37
해설

화성 탐사선

마스 옵저버(Mars Observer)는 1992년에 발사한 미국의 화성 탐사선입니다. 장장 1년이라는 시간을 들여 화성에 도착했고, 화성을 도는 궤도에 들어갈 예정이었습니다. 화성 지형을 조사하고 기상을 관찰하는 관측 장치를 싣고 있었습니다.

하지만 1993년 8월 21일 화성 도착 3일 전, 마스 옵저버와 통신이 끊긴 뒤 다시는 통신이 연결되지 않았습니다. 아직까지도 마스 옵저버의 소식은 알려지지 않고 있습니다. 화성을 도는 궤도에 들어가지 못하고 우주를 떠돌고 있을지도 모릅니다. 원인은 알 수 없지만, 연료 탱크가 샜다는 설이 있습니다.

1976년의 바이킹 1호, 2호 이래 17년 만이었던 미국의 화성 탐사 계획은 실패로 끝났습니다. 마스 옵저버 개발의 중심이 된 나사(NASA)와 제트추진연구소(JPL)는 침울한 분위기에 휩싸였습니다.

하지만 미국은 굴하지 않고 그 후 열 대의 화성 탐사선을 쏘아 올려, 여덟 대를 성공시킵니다. 네 대는 현재(2012년 기준)도 활약 중으로 화성 상공이나 지표면에서 데이터를 보내고 있습니다. 그다음 계획들도 준비 중입니다.

미국 외에도 2012년까지 러시아가 두 대, 유럽우주기구가 한 대, 일본이 한 대, 영국이 한 대, 중국이 한 대의 화성 탐사선을 발사했습니다. 하지만 화성까지 도착해서 데이터를 보낸 탐사선은 유럽우주기구의 한 대뿐으로, 나머지는 발사에 실패하거나 행방불명이 되거나 착지에 실패해서 부서지는 등 참담한 결과를 내고 말았습니다. 화성 탐사는 실패 확률이 높은 가혹한 미션입니다.

위성이나 관측 장치를 잃어버렸을 때 연구팀은 상당히 무겁고 우울한 분위기가 됩니다. 제 경험으로는 HETE 위성의 통신이 끊겼을 때 이화학연구소나, ASTRO-E의 발사에 실패했을 때의 NASA 고다드 우주비행센터에서는 농담을 주고받을 상황이 아니었습니다. 몇 년간의 준비 기간과 수억 달러의 예산과 여기에 모든 힘을 쏟은 사람들의 노력이 수포로 돌아간 것을 생각하면 당연합니다.

본문의 '협박장'은 마스 옵저버가 행방불명되어 큰 소동이 일어난 JPL의 한 홀에 실제로 붙어 있던 농담입니다. 진짜 협박장처럼 잡지를 오려서 공들여 만들었다고 합니다. 큰 소동 속에서도 JPL의 일부 사람들은 유머감각을 잃지 않았던 것일까요? 당시 JPL에 소속되어 있던 해리 랑겐배커 씨에게 허락을 받아 게재했습니다(랑겐배커 씨는 협박장의 당사자는 아니라고 합니다).

지구에 생명이 존재할까?

'마리너 협곡'(화성 통신)의 보도에 따르면 화성 공군의 대변인은 외계 우주선이 아레스 협곡 사막에 낙하했다는 소문을 부정했다. 다이모스 장군은 기자회견장에서 "그 물체는 실제로 고고도 기구일 뿐 외계 우주선이 아니다"라고 단언했다.

소문은 금요일 밤에 시작되었다. 아레스 협곡 근처 공군기지에 있던 모 소령이 '마리너 협곡' 신문과 가진 인터뷰에 따르면, 기구 같은 형태의 기묘한 물체가 사막 위를 몇 번 튕기다 착지하고는 외계 가스를 분출 후 멈췄다고 한다. 하지만 그 직후 다이모스 장군이 '마리너 협곡' 신문에 텔레파시로 말을 걸어 그 소문을 부정했다.

다이모스 장군은 분리된 이동차가 화성 사막을 돌아다니고 있다는 바보 같은 이야기는 늪에서 나온 독안개 때문에 발생한 환각이라고 단정했다. 하지만 이 일련의 사건에 대해 많은 사람들이 공군의 설명을 받아들이지 못했고, 발견된 파편이 '다른 행성'의 것이라는 설이 분분하다. 음모론자는 이를 "정부의 은폐"라고 주장하고, 근거로 화성에 늪 따위는 존재하지 않는다고 지적했다. — 짐 그리피스

화성의 생명

1996년 화성에서 생명이 발견되었다는 뉴스가 세상을 깜짝 놀라게 했습니다. NASA의 데이비드 맥케이(1936~2013) 박사에 따르면, 화성에서 유래한 운석 ALH84001을 현미경으로 조사한 결과 미생물이 만든 것으로 보이는 구조가 발견되었다는 것입니다.

지구 표면에는 매일 수많은 운석이 낙하합니다. 운석은 태양계 안을 몇억 년이나 떠돌다 이따금 지구와 충돌합니다. 태양계가 생겼을 당시부터 떠돌던 운석도 있고, 화성이나 달이나 지구에서 떨어져나온 것도 있습니다. 떨어져나온 원인은 다른 운석의 낙하나 화산 분화 등을 생각해볼 수 있습니다.

ALH84001은 지상에서 발견된 운석으로, 과거에 화성에서 떨어져나온 것으로 추정됩니다. 만약 과거 화성에 미생물이 있었다면, 만약 그 미생물이 암석 속에 흔적을 남겼다면, 만약 그 암석이 다른 운석과의 충돌로 우주로 튕겨 나갔다면, 만약 우주를 몇억 년이다 떠돈 끝에 지구로 낙하했다면, 만약 불타 없어지지 않고 바다에 떨어지지 않고 땅에 떨어졌다면, 만약 연구자가 그 운석을 주웠다면, 그 운석에서 미생물의 화석이 발견되어도 이상하지 않습니다. 연구자들은 흥분해서 열띤 토론을 벌였습니다.

하지만 연구 결과 아무래도 그 구조는 미생물에 의한 것이 아니라는 결론이 내려졌습니다. 세상은 실망했습니다.

화성에 생명체가 존재했다는 뉴스는 안타깝게도 오보였습니다. 하지만 어쨌든 사람들의 눈길을 화성과 화성 생명체로 향하게 하는 것에는 성공적이었습니다. 1993년 마스 옵저버의 실패로 밝은 화제에 굶주리던 화성 업계는 불타올랐습니다.

미국에서는 화성 탐사 예산을 책정하고, 탐사기를 태운 로켓을 차례차례 화성을 향해 발사했습니다. 20년간의 공백과 한 대의 실패 뒤에 화성 탐사 붐이 온 것입니다.

1997년 7월 4일 미국 독립기념일, 탐사선 '마스 패스파인더'가 화성의 아레스 협곡에 착지했습니다. '로버'라고 불리는 이동장치가 분리되어, 지표를 돌아다니며 탐사를 했습니다. 그때까지 착륙선을 보낸 적은 있습니다만 움직이는 탐사기는 처음이었습니다. 지구인들도 흥분했지만 화성인이 있었다면 깜짝 놀랐을 것입니다.

마스 패스파인더나 그 후에 보낸 로버, 화성 상공을 도는 탐사 위성은 차례차례 화성의 본 모습을 밝혀주었습니다. 그중에서도 중요한 발견은 고갈된 강이나 말라버린 바다의 흔적일 것입니다. 물의 흐름이 깎아낸 지형이나 파도가 만든 모양이 로버나 탐사 위성이 보내오는 사진으로 확인되었습니다. 몇십억 년 전 화성에는 강이나 바다가 존재했을지 모릅니다.

지구의 생명은 35억 년 정도 전에 바닷속에서 발생했다고 합니다. 어쩌면 오래전 화성에는 바다가 있었고, 어쩌면 생명이 발생했을지도 모릅니다. 그리고 어쩌면 그 생명은 땅속 미생물이라는 형태로 살아갔을지도 모릅니다. 어쩌면 운석 ALH84001이 시사한 것처럼 화석을 남겼을지도 모릅니다.

로버나 착륙선에는 지면을 파서 미생물을 찾는 장치도 실려 있었지만 아직까지 확실한 증거는 발견되지 않았습니다. 그러나 다음 화성 탐사선은 세기의 대발견을 이룰지도 모릅니다.

연구자는 매번 그런 희망을 가득 실은 서류를 작성해 예산을 신청한답니다.

옮긴이의 글

"아는 것이 힘이다"라는 말이 있습니다. "아는 만큼 보인다"라는 말도 있습니다. 그런데 문과 출신에 오랫동안 텍스트 관련 일을 했던 저로서는 완벽한 '문과뇌'인지 이 책『사이언스 조크』에 소개된 농담들을 읽으면서 웃음이 나오지 않더군요. 처음에는 내 이해력이 문제인지 이 책이 문제인지 심각하게 고민했을 정도입니다.

그러다 혹시나 하는 마음에 주변의 공대 출신에 이과뇌로 보이는 사람들에게 읽혔더니 그들은 이 책이 엄청 웃기다는 겁니다. 대체 왜? 어느 부분이? 다시 의문이 생겼지만, "화성에서 온 남자와 금성에서 온 여자"처럼 문과뇌인 사람들과 이과뇌인 사람들은 아예 근본부터가 다른 것이 아닐까 생각하고 포기했습니다.

하지만 그들은 웃을 수 있는데, 나는 못 웃는다는 점에 오기가 생겨서 이 책을 거듭 읽었습니다. 그러다 보니 고등학교 졸업 후(대학교 학과는 완벽한 문과였기 때문에 과학 관련 수업도 수학 관련 수업도 들을 일이 없었습니다) 완전히 담을 쌓고 살았던 과학 관련 지식들이 새록새록 다시 쌓이는 것을 느꼈습니다. 네, 문과뇌라서 웃을 수 없다 하더라도 너무 걱정 마세요. 과학의 기본적인 지식을 얻는 데 상당히 도움이 되는 책이랍니다.

이 책 덕분에 몸속의 과학 인자가 다소는 살아났는지 아이작 아시모프의『아이, 로봇』이 다시 읽고 싶어지는군요.

2020년 5월

문승준

사이언스 조크

초판 1쇄 2020년 5월 11일
지음 고타니 다로 | **옮김** 문승준 | **편집** 북지육림 | **본문디자인** 운용 | **제작** 제이오
펴낸곳 지노 | **펴낸이** 도진호, 조소진 | **출판신고** 제2019-000277호
주소 서울특별시 마포구 월드컵북로 400, 5층 19호
전화 070-4156-7770 | **팩스** 031-629-6577 | **이메일** jinopress@gmail.com

ISBN 979-11-90282-09-3 (03400)

이 도서의 국립중앙도서관 출판예정도서목록(CIP)은 서지정보유통지원시스템 홈페이지(http://seoji.nl.go.kr)와 국가자료종합목록 구축시스템(http://kolis-net.nl.go.kr)에서 이용하실 수 있습니다. (CIP제어번호: CIP2020015690)